IoTで変わるのは製造業だけじゃない

農業・医療・金融・サービス・教育分野で産まれる新ビジネス

東京大学ものづくり経営研究センター
吉川 良三 編著

日韓IT経営協会 著

B&Tブックス
日刊工業新聞社

はじめに

２０１５年７月に日韓ＩＴ経営協会の著作として『日本型第４次ものづくり産業革命』というタイトルの本を出版しました。

ドイツでは、２０１０年に「ハイテク戦略２０２０」が発信され、２０１２年には国家をあげた製造業のスマート化に向けた「インダストリー４・０（Industrie 4.0)」が打ち出されました。またアメリカでは、ゼネラル・エレクトリック（ＧＥ）によって「インダストリアル・インターネット（Industrial Internet)」が発表されました。これらをきっかけに、わが国においても急速に「ＩｏＴ（Internet of Things)」や「第４次産業革命」という言葉が飛び交うようになりました。それに伴い、ビッグデータ、クラウドなどの新しい技術的な言葉が「ものづくり」（この本では「ものづくり」は有形な人工物だけではないと定義しています）の世界で大きな話題を呼んでいます。

ドイツのインダストリー４・０は製造業において、生産工場の競争力強化、工作機械、製造に必要なモジュールを世界へ輸出する拠点としての競争力強化を目的としています。しかし最近では、製造業だけでなく、健康管理や新エネルギーなど社会制度改革分野も対象としてきているようです。

（ＩｏＴ、ビッグデータ、クラウドなどの技術用語は、本書第1章「産業の未来を変えるＩｏＴとは何か」で詳細に述べています。）

一方、わが国の産業（特に製造業）においては、１９９1年にバブルが崩壊して以降、「失われた10年」と呼ばれる低成長時代がはじまり、小泉構造改革によりある程度景気が回復してきた２００1年までそれは続きました。さらに２０１１年までは景気回復の実感がわかず、「失われた20年」とも呼ばれるようになりました。その間、多数の企業倒産や、従業員のリストラ、金融機関を筆頭とした企業の統廃合などが相次ぎ、わが国の経済は混沌とした時代を迎えていました。

わが国が失われた10年とか20年と騒いでいる間、韓国や２０００年以降急速に発展してきた新興国の台頭、それにつられてはじまったアメリカの国際的な勢力関係における弱体化などの外部環境の変化により、戦後、自動車産業に次いでわが国の経済を支えてきた家電産業（半導体も含む）が次々と失われていきました。

特に韓国のサムスン電子の急速な発展や、中国産業の台頭には目覚ましい勢いがあります。わが国が直面している少子高齢化や地方の疲弊化など、早急に解決しなければならない問題が山積みになっている現状を考えると、果たして今後、わが国の産業はこのまま手をこまねいていて生き残れるのだろうかと心配です（吉川良三・畑村洋太郎『勝つための経営』講談社、２０１２）。

そのような中で2014年頃から、ドイツのインダストリー4・0の影響でIoTが話題となっています。IoTは一般的には「モノのインターネット」と呼ばれています。しかし著者は**「モノ」だけではなく、「ヒト」や「サービス」も含めたあらゆるものがインターネットを通じてつながることによって実現する、新しいビジネスモデルが創造可能になる**概念であると解釈しています。

経済産業省も2015年度の「ものづくり白書」で、「IoTとはネットワークの活用、ビッグデータの活用により設備の運用効率および顧客に提供するものづくりの変革であり、単に生産性を高めるだけでなくビジネスモデルを含む企業活動全体を再考し、再構築することである」と述べています。そのための技術として、ハードではセンサーやロボットおよび、身に付けられる新しい装置などが開発されてきているのです。

またソフトの面ではAI（人工知能）、各種収集されたデータ（「ビッグデータ」と呼ばれています）を分析・解析する安価に利用可能なアプリケーションソフト群（クラウドサービス。「クラウドコンピューティング」と呼ばれています）などが開発されています。特に「深層学習※1」（ディープラーニング）と呼ばれるAIを活用したロボットの開発は、今までにない新しいビジネスを創造するのに役立つのではないかと思われます。

IoTや第4次産業革命（通信革命）は、現在のわが国において2次産業に分類されている製造業をはじめ、農業や林業・漁業などの1次産業、3次産業に分類されているサービス業の垣根を越えた新しい産業が生まれてくるモメンタム（はずみ、勢い）になってくれることを期待しています。

最近、巷のセミナーや講演会などで、IoTや第4次産業革命が、製造業の効率化や競争力の強化に役立つ技術であると強調されていますが、それらの技術や概念を**今までにない新しいビジネスとともに新しい社会（スマート社会）を構築していくために活用すべき**ではないかと考えております。

そこで本書では、現在わが国が直面している少子高齢化、地方創生、働き方改革を軸とした農業改革、社会保障改革、雇用改革、エネルギー改革、教育改革の新しいビジネスを創造するための軸、およびそのための創造の種について取り上げています。

本書は、約1年半にわたって日韓IT経営協会の研究会で議論してきた内容を取りまとめたものです。

また、第3章（新たなビジネスの座標軸を考える）、第4章（農業、医療・健康・介護分野における新しいビジネスの創造）、第5章（金融、生活・サービス分野における新しいビジネスの創造）、第6章（教育改革による新しいビジネスの創造）は、最初にそれぞれテーマについてのレジーム（過去の方策や制度）について述べています。それは、中国の宋史（1345年）に出てくる「我より古（いにしえ）を作（な）す（自我作古）」の故事にあるように、過去の方策や制度の背景を知ったうえで新しいビジネスを創造することが重要ではないかと考えたからです。

第4次産業革命やＩｏＴの新しい社会を迎えるにあたって、読者の皆様に本書が少しでもお役に立てば光栄です。

なお執筆にあたって第1、2章は吉川、第3章は森田、第4、5章は菅谷、第6章は奥出が担当しました。また、巻末に本書で使われた用語集、および参考文献を記載したので参考にしてもらえれば幸甚です。

本文中に番号がついている用語は、巻末に用語解説を掲載しています。参考にしてください。

吉川　良三

目次

第1章　産業の未来を変えるＩｏＴとは何か

第2章 IoTは製造業の最適化・効率化だけの概念なのか

第3章　新たなビジネスの座標軸を考える

第4章 農業、医療・健康・介護分野における新しいビジネスの創造

第5章 金融、生活・サービス分野における新しいビジネスの創造

第1章

産業の未来を変える IoTとは何か

ＩｏＴと第4次産業革命は何が違うのか

一般的にＩｏＴ（Internet of Things）は「モノのインターネット」と呼ばれています。ＩｏＴは、あらゆるものがセンサーを介してインターネットにつながり、モノとモノ、モノとヒト、ヒトとヒトが互いに情報をやり取りして、常に全体的な効率化、最適化を図るコンセプト（概念）です。

この概念は、ドイツが２０１０年に公表した「ハイテク戦略２０２０」をはじめ、それを具体化するために決定された行動計画のなかに示された、国を挙げた製造業の最適化のための革新「インダストリー４・０（Industrie 4.0）」に由来しています。

また、昨年くらいからＩｏＴとともに「第４次産業革命」という言葉が使われ始めました。「ＩｏＴと第４次産業革命とは異なる概念ですか」と、何度も尋ねられたことがあります。著者はそのつど、「**第4次産業革命はあくまでも産業、強いては社会そのものが大きく変化する出来事**」と答えてきました。

過去の社会の歴史を振り返ると、１万数千年前に農機具の発明で、農耕革命が起こり、農耕社会が始まりました。本格的な産業革命としては**図1－1「産業革命の歴史」**に示すように、18世

第1次産業革命（18世紀）	蒸気機関の発明	製造業 英国の繊維産業が急速に発展 石炭がエネルギー	機械化	英国
第2次産業革命（20世紀初め）	電気の発明	製造業 ベルトコンベアの活用 大量生産の実現	電動化	米国
第3次産業革命（20世紀前半）	コンピュータの発明	製造業 生産の部分自動化 大量生産の進化	自動化	日本
第4次産業革命	情報技術の発明	製造業 生産の完全自動化・デジタル化・バーチャル化 考える工場・つながる工場	効率化	独国

※丸で囲んだ国名は、その時代の産業革命により恩恵を受けて急成長した国

図1-1　産業革命の歴史

紀にイギリスから始まった蒸気機関の発明（技術のイノベーション）を、「第1次産業革命（機械化）」と呼んでいます。その後、19世紀末〜20世紀初めに電気が発明された時期を「第2次産業革命（電動化）」と呼んでいます。また、20世紀初頭にコンピュータが発明されてから2010年頃までを「第3次産業革命（自動化）」と呼びます。さらに、1991年にインターネットが普及し始めた頃からスマートフォンなどが普及しました。そのことで通信速度が飛躍的に速くなり、さまざまな情報処理（ソフトウエアを含む）技術が発明されたことを、「第4次産業革命（効率化）」と呼んでいます。著者はこの**第4次産業革命を**

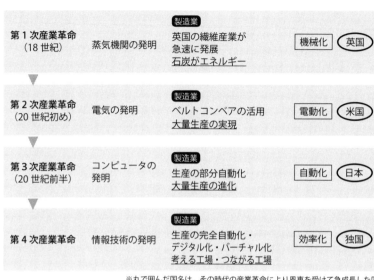

デジタル情報通信による革命であると思っています。

つまり、第1次産業革命は「蒸気機関の発明」であり、それまでの手工業から機械化による本格的な工業社会をもたらしました。第2次産業革命は「電気の発明」によって種々の分野で電気が活用され、特に製造業においてはベルトコンベアによる大量生産をもたらしました。第3次産業革命は「コンピュータの発明」により情報化社会を産み出し、特に製造業においては、その生産工程において各種の自動化をもたらしました。第4次産業革命ではさらに情報化社会が進化し、インターネットや人工知能（ＡＩ）が生まれました。これらはまさに「デジタル情報通信による情報技術の発明」であり、ＩｏＴというすべてのものをインターネットでつないでスマートな社会を産み出そうとしているのです。

したがって、**ＩｏＴという概念はＩｏＴそのものが産業革命ではなく、第4次産業革命の手段として生まれてきた概念**です。

なお、図1－1で示した国名は、各産業革命において最も恩恵を受けて経済が急成長した国を表しています。

◆ＩｏＴの本質

では、なぜ過去の画期的な発明が「産業革命」と呼ばれるようになったのでしょうか。

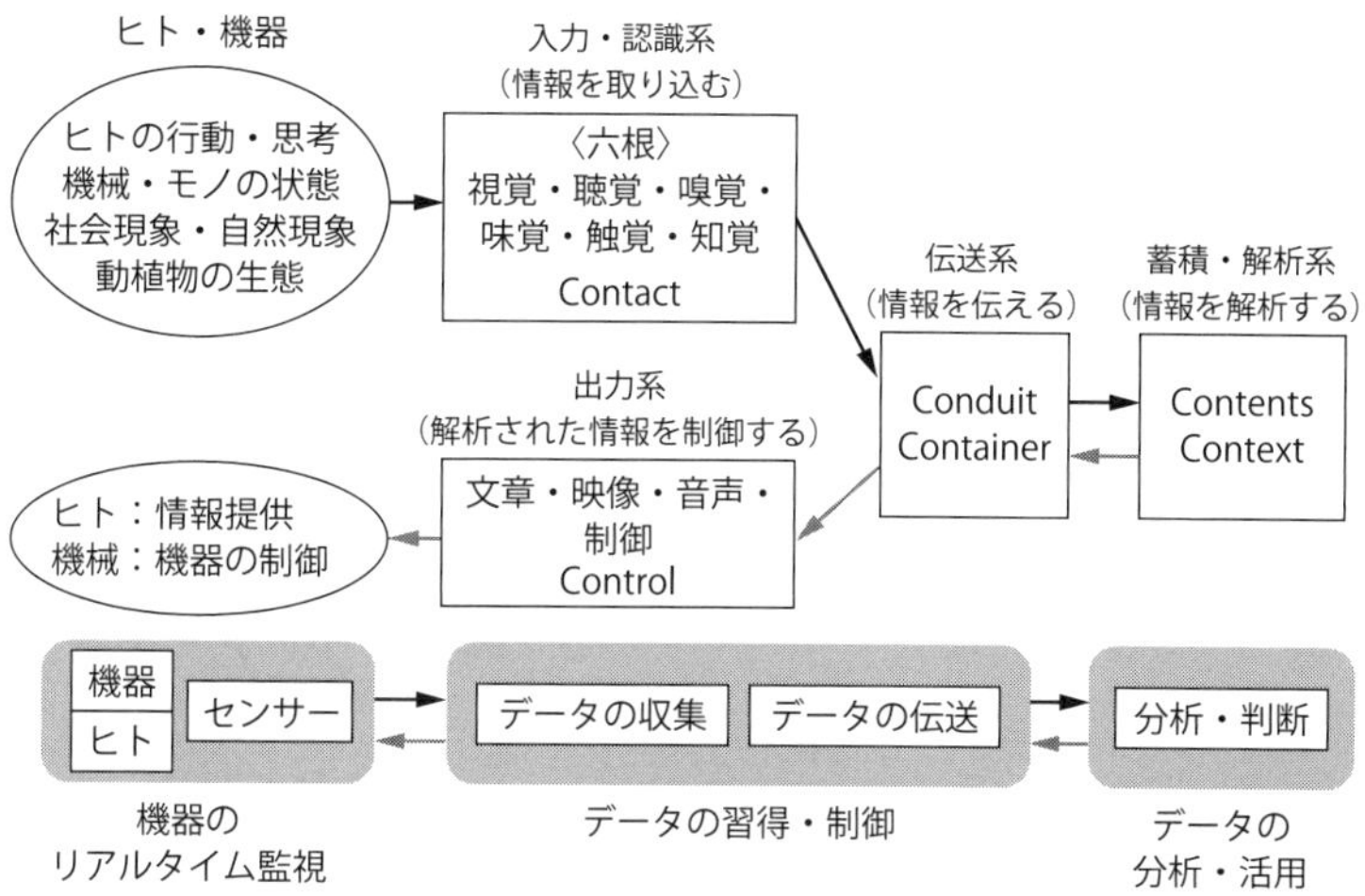

出典：「日本型第4次ものづくり産業革命」吉川良三著、2015、日刊工業新聞社

図1-2　第4次産業革命の本質と6CONの概念

それは、その画期的な発明の技術により、それまでの社会構造や産業構造が大幅に革新するとともに、新しい社会が誕生したからだと思われます。

したがって、**ＩｏＴは第４次産業革命を起こすための基幹技術であり、技術的な手段**なのです。ＩｏＴはあらゆるものがインターネットを通してつながるという概念だと前述しましたが、ＩｏＴの本質と概念はどのようなものでしょうか。

簡単にいうならば**図１－２**に示すように、機器やヒトがセンサーによって情報を収得し、その情報を収集して分析・解析を行い、その結果により機器ならば制御、ヒトならば伝達をリアルタイムに行うことによって、常に最適化するための仕組みです。つまり人間でいうならば、視覚、聴覚、嗅覚、味覚、触覚、知覚の六根に例えられます。視覚、聴覚、嗅覚、味覚、触覚はセンサーに置き換えられ、知覚はＡＩに置き換えられると思います。

また、図１－２において６ＣＯＮと表現しているのは、情報を習得することを英語で表現するとContact、分析するためにデータを伝送することをConduit（導管）、Container（輸送用の容器）、解析するためのデータをContents、解析した後のデータをContextと呼び、Containerで伝達された解析結果の情報を提供し、制御することをControlと呼んでいます。英語の頭のＣｏｎをもじり、さらに前述した六根となぞらえて「６ＣＯＮ」と呼びました。

Contents（コンテンツ）とContext（コンテキスト）の違いはコーヒーブレークをご一読ください。

コーヒーブレーク

コンテンツとコンテキスト

データ（文字、画像など）は「コンテンツ」であり、誰がどのような文脈で伝えているかは「コンテキスト」です。

コンテンツとコンテキストはよく間違って使われますが、正確にはコンテンツというのは和製英語で、正しくは「コンテント（Content）」だそうです。

Contentは、「名詞：中身、内容物、名詞2：満足」「形容詞：満足している」「動詞：満足させる」という意味がありますが、本章では「中身・内容」という意味で用いています。

またコンテキストは「文脈、脈絡、前後関係」という意味があるので、図1－2ではビッグデータそのものはデータという中身であり、まだ前後の脈絡がないのでContents（コンテンツ）という言葉を使用しています。その後、分析・解析されると前後関係が明確になるので、Context（コンテキスト）という言葉で表現しました。そのコンテキストを伝達する際には、その脈絡につけた名前がつくので単なるConduit（導管）でなく、Container（輸送用の容器）という言葉をあえて使用しました。

◆IoTを実現するための技術

ＩｏＴを実現するための技術として、各種のウエアラブル端末※2やＡＩロボット、膨大なデータ（ビッグデータ）を解析するソフトおよび、それを活用するためのクラウドの仕組みなどが多く開発されています。なお、**表1－1**にＩｏＴ実現のために必要なキーワードを示しました。

ＩｏＴや第4次産業革命を、国として積極的に推進しているアメリカはゼネラル・エレクトリック（ＧＥ）を中心に「インダストリアル・インターネット（Industrial Internet）」を推進

表1-1　IoT実現に必要な技術のキーワード

- ●センサー技術
- ● ICT 技術
- ●アプリケーションソフト
- ●ビッグデータ
- ●ロボット技術
- ●各種規制緩和
- ●セキュリティー

※「各種規制緩和」は技術ではないが、IoT のキーワードとして加えている

し、ドイツは製造業振興策として「インダストリー4・0（ドイツ語ではIndustrie 4.0、英語ではIndustry 4.0）」を推進しています。その他、シンガポールではスマートネーションを旗印にスマートな国家を目指す国家戦略を推進しています。

また、わが国の取り組みについても、「Society 5.0」というコンセプトを基軸として「世界に先駆けた『超スマート社会』の実現」方策が、一般社団法人 日本経済団体連合会（経団連）を中心に進められています。

最近著者が講演会で、ＩｏＴとＭ２Ｍを混同して「ＩｏＴを進めると、人がいらなくなるのではないか」という質問をよく受けます。Ｍ２Ｍ[※3]（Machine to Machine）は、確かに機器同士がコンピュータ・ネットワークを通じて直接情報をやり取りし、高度な処理や制御を行うことが可能なので人が不要になります。しかし、**ＩｏＴは人なくしては実現しないコンセプトなの**です。コーヒーブレークにＭ２ＭとＩｏＴについて記述しましたので参考にしてください。

コーヒーブレーク

IoTとM2Mは似て非なるもの

M2M（通常toのかわりに2と書いてツーと呼びます）は、Machine to Machine（マシーン・ツー・マシーン）の省略形で、機器同士の通信によって人の介入がなくても情報を伝達して機器の効率化を図ることができることを意味しています。eコマースでいうB2CやB2Bの意味とは異なります。

M2M以外にも、人間同士の通信をH2H（Human to Human）、人と機器との通信をH2M（Human to Machine）または、M2H（Machine to Human）と呼ぶこともあります。IoTとM2Mが混同されるのは、どちらも通信を通じて情報をやり取りして互いが「つながる」からだと思います。

前述したようにIoTは、あちこちに分散しているモノ（人工物）やヒトから大規模な情報（ビッグデータ）を集めて分析・解析して、さまざまな業務（生産業務だけではない）を効率化、最適化することを主な目的としています。モノとつながる相手がモノであるか、ヒトであるかは関係ありません。

つまり究極のM2Mはクルマの自動運転技術ではないでしょうか。

次に、ＩｏＴの先駆者であるドイツのインダストリー4・0と米国のインダストリアル・インターネットが何を目指しているのかについてその概要を述べてたいと思います。

ドイツのインダストリー4・0が目指しているもの

インダストリー4・0は、ドイツ政府が2010年に打ち出した「ハイテク戦略2020」、さらにそれを具体的に進めるための行動計画において発表された、製造業のスマート化（製造業のデジタル化）を目指したプロジェクトです。

「ハイテク戦略2020」はサプライチェーンや価値創出プロセス全体の革新によって、「①付加価値の高い製品を生産する製造拠点としての競争力強化」、「②工作機械、製造に必要なモジュールを世界へ輸出する輸出拠点としての競争力強化」を目指していました。そのことにより、わが国においてはＩｏＴやインダストリー4・0は生産現場革新のためのツールであると解釈して誤解している人が多いように思います。

しかしドイツでは、その後2014年にイノベーションを中心とした「新ハイテク戦略」が発表されました。「新ハイテク戦略」は「①デジタル経済・社会の構築」、「②持続可能な経済・エネルギーの構築」、「③革新的な労働環境の整備」、「④健康的な生活の構築」、「⑤インテリジェント・モビリティ（クルマの自動化・知能化など）の実現」、「⑥市民の安全の確保」の6つの優先順位の高い施策を掲げています。

わが国をはじめ世界各国では、このドイツの「新ハイテク戦略」に学んで製造業の効率化だけでなく、国家的プロジェクトとして「新しい社会の創造を目指した戦略」を打ち出しています。

しかしながら、「新ハイテク戦略」が発表される前のインダストリー4・0は国際標準化でも先行しており、国際電気標準会議（ＩＥＣ）では、インダストリー4・0を念頭に置いて議論されています。デジタルの力を使って普及を加速させ、製造業の競争力を強化するのがインダストリー4・0の目的でした。

それゆえ、インダストリー4・0は、ＩｏＴという技術の活用像を具体的に示したともいえるパイオニア的存在であることは間違いありません。

アメリカのインダストリアル・インターネットが目指しているもの

インダストリアル・インターネットは2012年11月にアメリカのＧＥが産業機器とクラウドベースの高度な分析ソフトウエアを結びつけることにより、コスト削減などの付加価値を創造する「Industrial Internet」構想を提案したのが始まりです。産業機器などにセンサーを取り付け、インターネット経由で稼働データを収集・分析し、機器の保守・メンテナンスおよび稼働の最適化などに活用していました。

ドイツのインダストリー4・0との違いは、ドイツが国家主導のプロジェクトであることに対して、アメリカはあくまでも民間主導（特にＧＥ）であったことと、最初のインダストリー4・0が製造業の最適化を目指したのに対して、インダストリアル・インターネットは製造業の最適化だけを目指したものではないことです。

インダストリアル・インターネットは、当初ＧＥがやはり製造業の生産の効率化を目的としていましたが、２０１４年3月にＧＥをはじめ、ＩＢＭやシスコ、インテル、ＡＴ&Ｔが「インダストリアル・インターネット・コンソーシアム（ＩＩＣ）」を設立してから、日本企業やドイツ企業も加え、製造業のみならず、ヘルスケア、エネルギー、公共、運輸の5つの分野を対象において活動しています。

◆インダストリアル・インターネットの特徴

中核となっているＧＥは、インダストリアル・インターネットに取り組むメリットが3つあると指摘しています。

1つ目は、CPS（Cyber Physical System）の活用による新しい製品の創造と生産の最適化を図ることが可能になることです。

2つ目はCPSを活用することにより、機械や設備の稼働率を高めることが可能になることです。

3つ目がCPSのサイバー空間で常に最適な実験を行い（コンピュータ内）、すでに機器に組み込まれているソフト（現実）を入れ替えることにより、新しい製品を開発することが可能になることです。これは経済学でいうところのデカップリングポイントが、顧客の要求に限りなく近づき、大幅なコスト削減と納期短縮につながります。コンソーシアムの体制の詳細については**図1−3「インダストリアル・インターネット・コンソーシアム」**を参照してください。

また、GEは産業機器向けのIoTやM2Mを実現するための、プラットフォーム（基盤）である「Predix」を開発して、センサーから収集されたデータを分析し、遠隔地から生産プロセスを監視したり、機器のモニタリングにより機器を制御したりするなど、インターネットでつながっている全生産のプロセスの最適化を目指しています（**図1−4**）。

さらに、GEは、インダストリアル・インターネットを第4の産業革命と位置付けているようで、IoTを「産業機器（モノ）とデータ、およびヒトをつなげるオープンでグローバルなネットワークである」と定義しているようです。この考え方は、モノをインターネットにつなげるこ

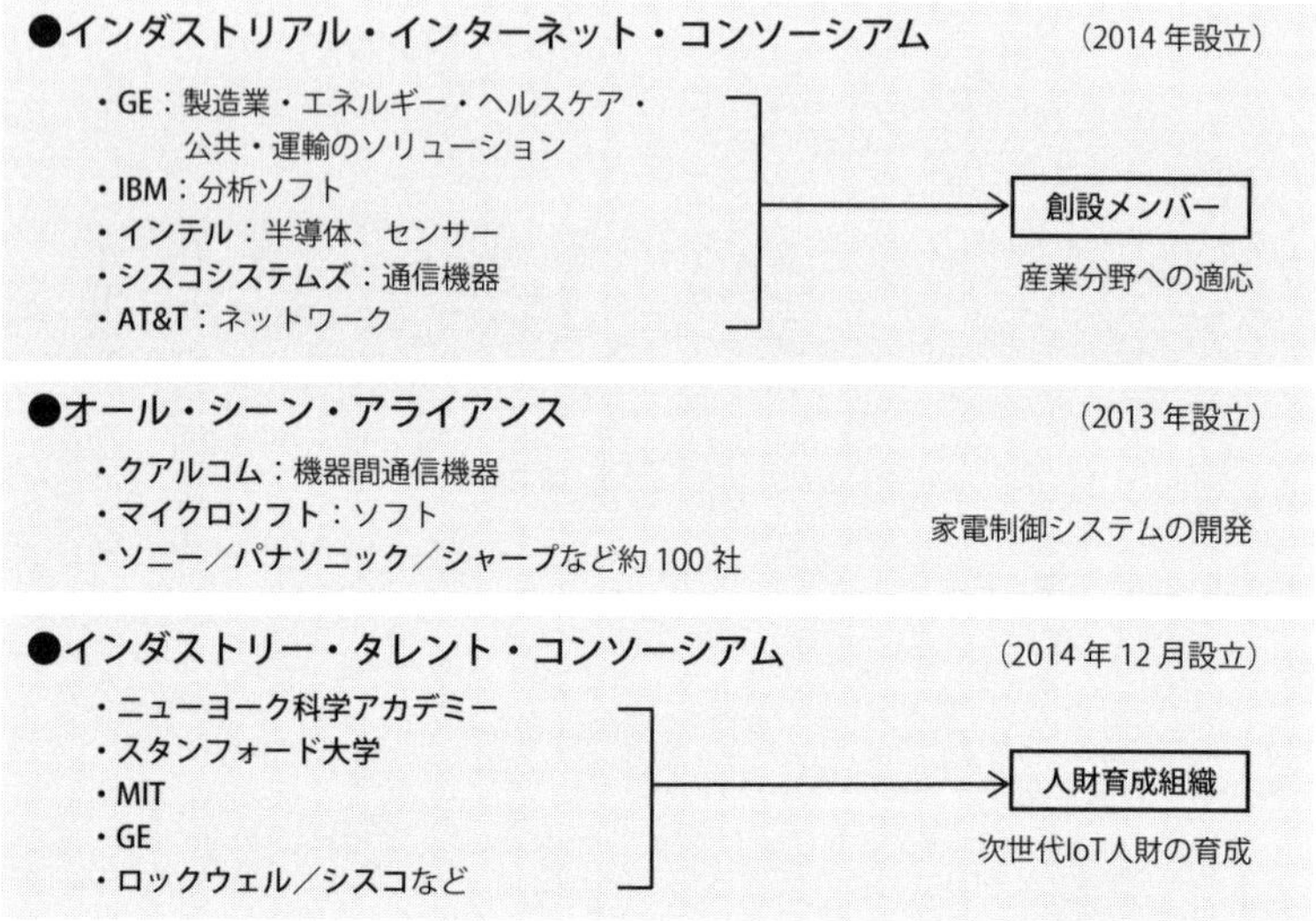

※各種HPより著者作成

図1-3　インダストリアル・インターネット・コンソーシアム

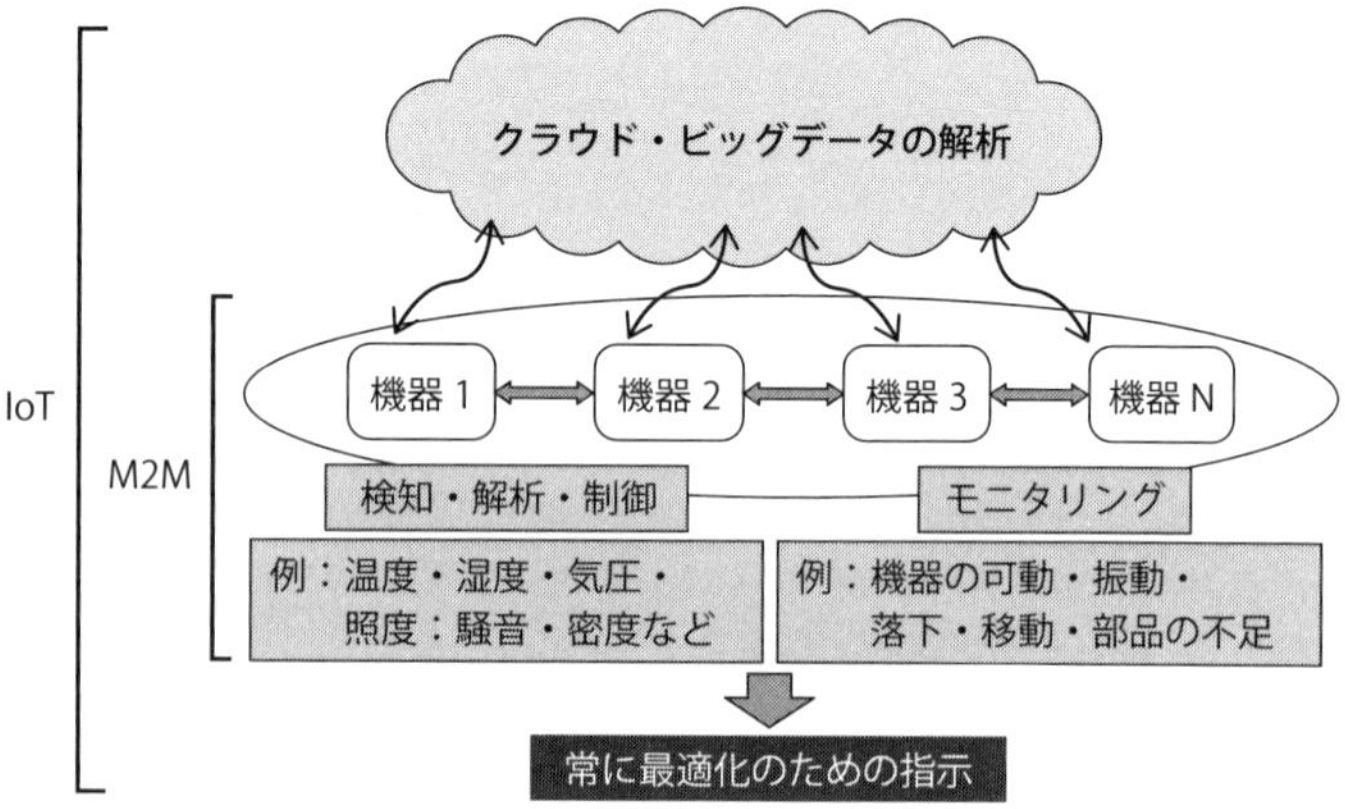

図1-4　GEのIoT、M2Mの概念

とで、さまざまなデータを収集し、このデータを解析することで、顧客に新しい価値を提供するという考え方ではないかと思われます。どちらかというと、ＩｏＴを実現するためには、ＣＰＳがキーポイントであると位置付けています。

ＣＰＳについてはコーヒーブレークで詳しく紹介しています。

コーヒーブレーク

ＣＰＳはＩｏＴに匹敵する

ＣＰＳとは、現実世界の制御可能なモノに、センサーやスマートフォンなどの機器でデジタルデータを測定して収集し、それをインターネットを介してサイバー（コンピュータの世界）に送り、分析・解析したデータにすることで新しいアイデアが生まれ、現実社会の出来事の一部をデータ上で意図的に変えてみることによって、実際の出来事とどのような違いが生まれるかをシミュレーションするといった手法を用いて（この際に仮想現実（ＶＲ）や拡張現実（ＡＲ）などのＣＧが利用されるのが一般的です）、新しい発見や洞察を深めたり、最適な計画を発見することが可能になる仕組みのことです。

２０１６年夏にブラジルのリオ・デ・ジャネイロで開催されたオリンピックの閉会式において、東

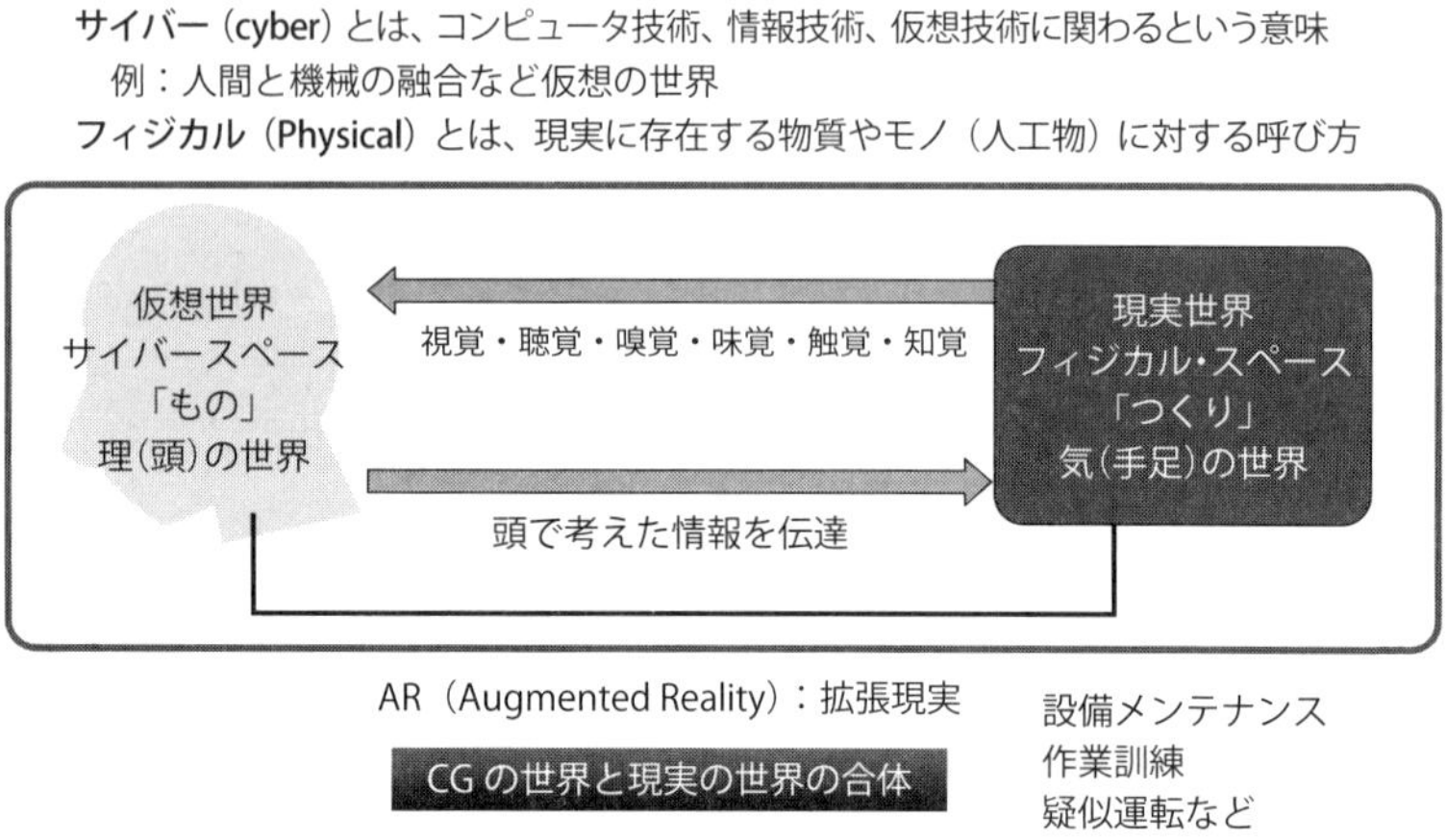

図1–5　サイバー・フィジカル・システム

京にいた安倍首相がリオの閉会式にマリオの姿で登場し、世界中を沸かせました。

これは典型的なＣＰＳ（特にＡＲの技術）そのもので、わが国のソフトウエアの技術の高さを見せつけたのではないかと思います。

ＡＲとは**図１－５**に示したように、「拡張現実」と呼ばれています。

ＩｏＴを支える情報通信技術の変遷と融合

ここで、ＩｏＴを支える情報通信技術の発展とその融合について述べたいと思います。

情報通信技術は情報技術（Information Technology）と通信技術（Communication Technology）を総称した言葉で、通常はＩＣＴと

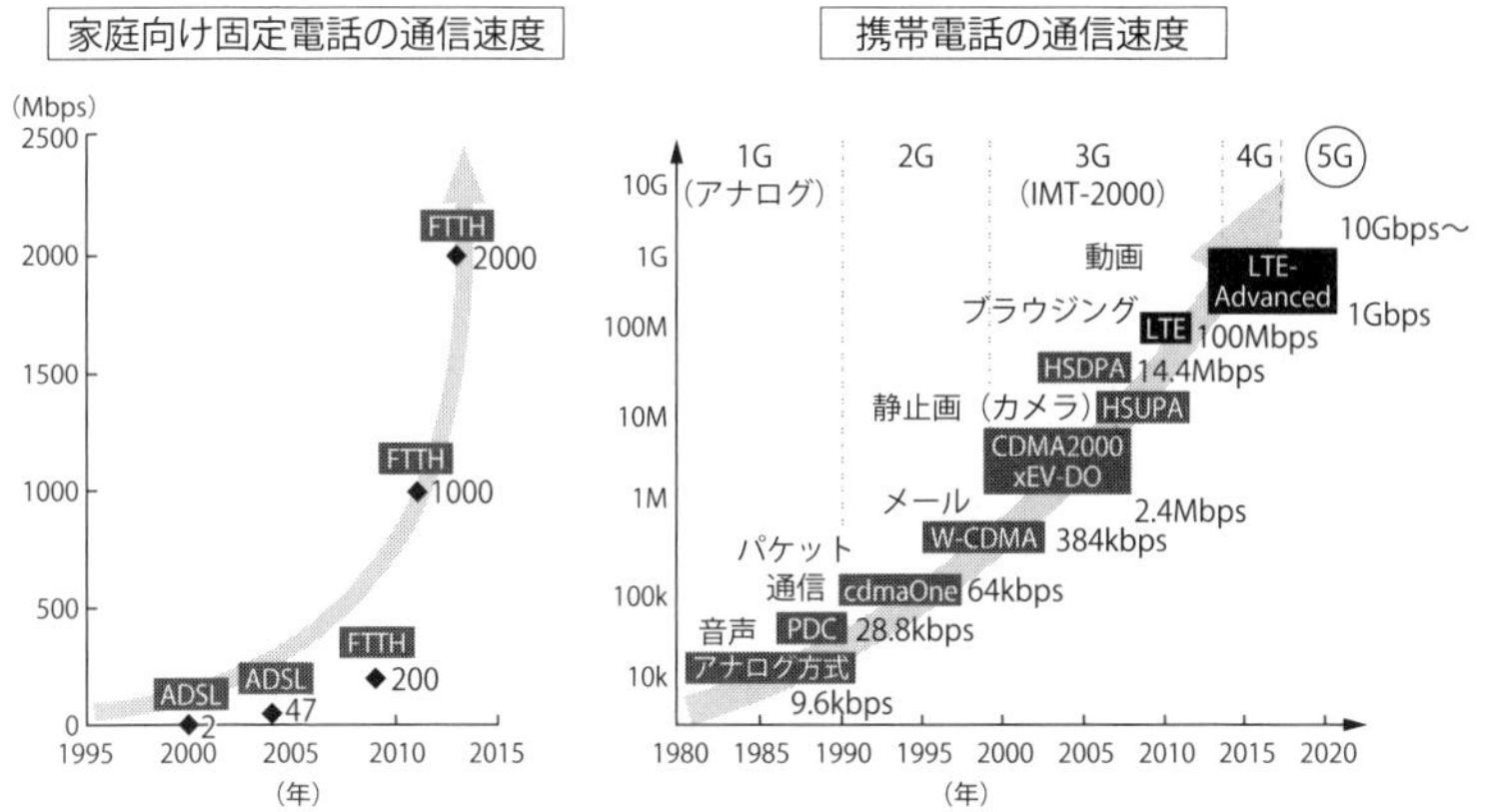

（出典）総務省「通信自由化以降の通信政策の評価とICT社会の未来像等に関する調査研究（平成27年度）
NTT東日本報道発表、電波政策ビジョン懇談会最終報告書（平成26年12月公表）等

図1-6　家庭向け固定電話と携帯電話の通信速度の推移

呼ばれます。したがって、情報処理技術と情報通信技術が重要で、コンピュータやネットワークに関する各種産業による産業基盤の充実を必要とします。なお、わが国ではＩＣＴに関しては通信が関係するため、経済産業省ではなく総務省の管轄となります。

では今、ＩｏＴ、ＩＣＴと騒がれているのはなぜでしょうか。

その背景にあるのは、**図1－6**に示すように、各種単独でそれぞれ発展してきた情報通信技術（移動体通信・放送・インターネットなど）が、２０１０年頃を境に融合（Convergence）されて通信機器のダウンサイジング（小型化）が起こり、情報処理能力や特に通信速度のスピードが２０２０年の東京オリンピックまでには、現在（第４世代）の１００Ｍｂｐｓ（１秒間に１００万ビット伝送可能）から、その１００倍の10Ｇｂｐｓ（第５世代）に進化するとされています。わが国では、総務省が２０１４年に「第５世代モバイル推進フォーラム」を設立して、産学官のオールジャパンの体制で５Ｇの実証実験に取り組んでいます。

通信速度が速くなるということは映像や映画、ゲームなどの高繊細映像の携帯端末への配信がより大容量化するとともに、あらゆるものをつなぐ通信、さらに、交通、医療、企業、公共施設、学校、家庭など、社会のあらゆる分野でのＩｏＴが急速に発展していくことが期待されています。

第４次産業革命時代の「ものづくり」と「モノつくり」はまったく異なる

最近「ものづくり」という言葉が、いろいろなところで使われるようになりました。大手企業では、「グローバル戦略ものづくり室」、「ものづくりセンター」などの組織名として使われることが多く見受けられます。しかしその中身は、工場の生産管理や生産技術の効率化のために、ＩｏＴなどのＩＣＴの技術を適用した最適化を実践しているようです。著者からみれば、それは「ものづくり」ではなく「モノつくり」（以後、有形な人工物であればカタカナで「モノ」と記述します）と呼ぶべきだと思います。

「モノつくり」は辞書に載っていますが「ものづくり」は辞書にはありません。それは「ものづくり」が「もの」と「つくり」を合わせた造語だからです。

では、「ものづくり」と「モノつくり」はどう違うのでしょうか。「ものづくり」という概念は、明らかに21世紀になって急速に発展した新興国の台頭によるグローバル化の影響によって生まれた言葉だと思います。

この際のグローバル化とは、それまで先進国だけのものであった市場が、中国をはじめ新興国の急速な経済発展により、市場に大きな変化が生まれてきたことです。つまり、景気の牽引役が先進国から新興国へと変化したこと、新興国の生活様式や商習慣に適応しないと市場に受け入れられにくくなってきたこと、およびわが国が得意としてきた高品質、高価格から顧客に対しての適合品質、適合価格へと変化してきたことが挙げられます。

その結果、**「もの」とは有形な人工物だけではなく、顧客に対しての付加価値を意味しているの**です。大辞林（第三版）によると、もちろん「形のある物体を始めとして、広く人間が知覚し思考し得る対象一切を意味する」と書いてありますが「イメージを膨らませる」「創造を広げる」、「思いを馳せる、思い浮かべる」など必ずしも人工物だけを指しているものではないことがわかります。

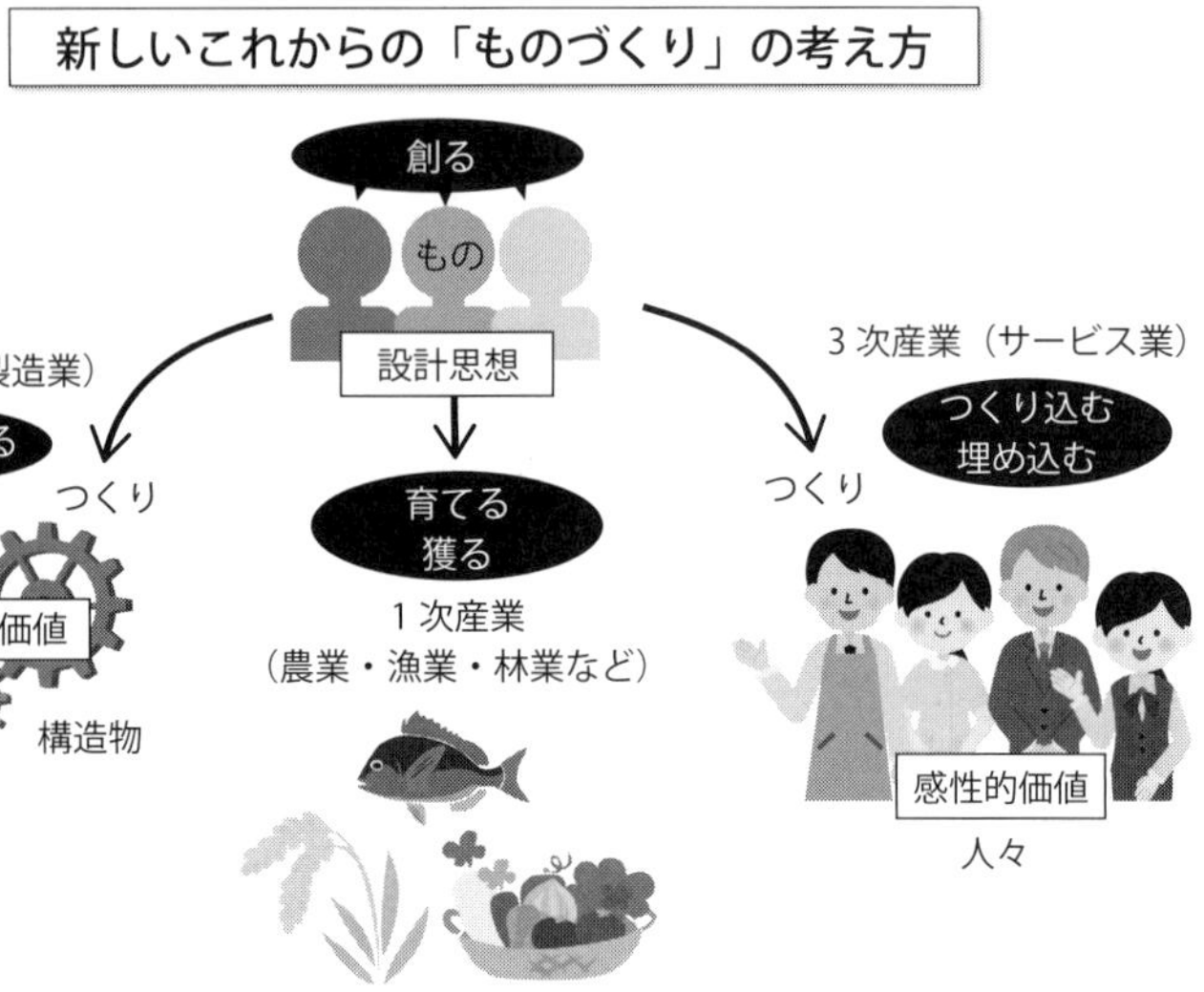

図1-7　グローバル時代における「ものづくり」の考え方

図1－7にグローバル時代における新しい「ものづくり」の考え方を示します。前述したように、顧客が望む「もの」を正しく把握して、その「もの」が物質的価値であれば「モノつくり」であり、この場合、つくりは漢字で書けば「造る」「作る」と記述します。これはまさに製造業（2次産業）と呼ばれています。しかし、ヒトに対しては「もの」は感性的な価値ですから、著者は「もの」を「人につくり込む、または埋め込む」と呼んでいます。この行為はまさにサービス産業であり、3次産業と呼ばれているビジネス分野です。さらに農業・漁業・林業などは自然の恩恵を活用した1次産業と呼ばれていますが、この場合の「もの」は「育てる・獲るなど」でしょ

う。

いずれにしても「もの」は顧客が望んでいる付加価値を産み出すことであり、顧客にとってわくわく感・ドキドキ感・驚き感・爽快感などを抱かせる感性的価値がある「もの」でなければなりません。

◆顧客が好む価値を見つける

これまでわが国の製造業は、顧客が望んでいる「モノ」よりも企業が勝手に技術中心に「モノ」を開発してきたのではないでしょうか。しかも、見ている方向（向き）が、現在のグローバル時代とは次の3点において真逆であったのではないかと思います。

1つ目は、日本国内（内向き）ばかり向いていて、グローバル（外向き）な感覚に欠けていました。2つ目は、日本国内の同業者の動向（コスト・品質・機能など）ばかり気にして（横向き）、世界のグローバル企業の動向（縦向き）にはあまり関心を払わなかったのではないかということです。3つ目はこれが一番問題ですが、技術が自社だけで開発研究してクローズド（下向き）であり、新興国や同業他社にオープン（上向き）にしてこなかったのではないかということです。

その結果、韓国や中国などの新興国にいくつかの産業が奪われていったのではないかと思われます。

前述したように、経済を含めた「モノつくり」の潮目が変わった今、顧客が好む価値をいち早く見つけ出し、ＩｏＴを活用した真の意味での「ものづくり」を構築することが重要になります。目的とした市場の顧客が何を望んでいるかを把握する必要があります。そのためには、その国の言語をマスターして、その国の文化や歴史・慣習などを知る必要があります。この手段を著者は「地政学的ものづくり」と呼んでいます。地政学とは、スウェーデンの政治学者ルドルフ・チェレーン（１８６４－１９２２）によって第一次世界大戦直前につくられた用語で、「地理的諸条件を基軸におき、一国の政治的発展や膨張を合理化する国家戦略論である」（世界大百科事典 第2版）といわれています。したがって「ものづくり」においても国家的戦略として捉えて、地理的条件ではなく物質的価値、感性的価値の条件を基軸におくという意味で、著者は「地政学的ものづくり」と呼んでいます。

ＩｏＴがすべてのものをインターネットでつなぐというコンセプトであれば、すべての産業は「ものづくり」であるといっても過言ではないと思います。つまり、今まではハード（人工物）で多少高価格であっても品質や信頼性でビジネスを優位にしてきたわが国の産業は、第4次産業革命を勢い（モメンタム）にして、ハードだけでなくソフト（サービスなど）も含めたソリューションとして顧客に供給する必要があります。

第4次産業革命を支える基幹技術のコンセプトがＩｏＴ

前述したように、ＩｏＴは第４次産業革命の基幹技術であるということを忘れてはいけません。あくまでも概念であって、システムではありません。ＩｏＴを活用するためには、生産性を上げるのか、または新規事業に挑戦するのかなど、**目的を明確にすることが大切**です。また、**経営者から従業員までその目的を共有することも大切**です。そのためには、決して経営者だけの思いつきでトップダウン（上意下達）しないで、部下にＩｏＴを活用する目的を考えさせ、その報告（下意上達）に対して、判断（ジャッジメント）することが成功につながります。つまり、意思決定にはトップダウンとジャッジメントの２つがあるということです。わが国の経営者は、どちらかというと前者のトップダウンで経営してきたのではないでしょうか。

いま、潮目が変わりつつあるこの時期に、部下に考えさせてその結果に対して意思決定を行うジャッジメントの経営に変革していく必要があると思います。

なぜなら、**ＩｏＴを活用するということは過去の価値観を脱ぎ捨てて、新しい価値観に対応していく大きな産業構造の転換を意味する**からです。宋史に出てくる「自我作古」そのものであるからです。

またＩｏＴを活用するための基軸技術にＡＩ、センサー技術、ロボット、クラウドコンピューティングやビッグデータなどがありますが、これらの技術の新興国を注視していくことが肝心です。

コーヒーブレーク

自我作古とは

自我作古とは「我より古（いにしえ）を作（な）す」と読みます。「前例に捉われず、自ら新しい分野を開拓すること」という意味です。

新興国の急激な発展により、モノやサービスの在り方が大きく変わってきました。つまり、世界の価値観が今までとは変化しています。まさに第４次産業革命により、新しい時代が始まろうとしているのです。そのために、新しい価値観の歴史が生まれようとしている時代ですから、これから起こる困難や競争に打ち勝っていく勇気と使命感が必要であるといっているのだと思います。

「慶應義塾豆百科」によると、〝「自我作古」という用語は義塾では比較的使用頻度の高い言葉で、草創期の先進塾生たちが、西洋文明をいち早くとりいれて、日本の近代化に貢献せんとしたその雄々しき気概を示す一種のモットーの如くに使われている。しかし、この用語は今日、世間一般ではほとんど使用されていない〟と書かれています。

産業も同じで、企業は他の企業を超えるために自らあらゆる古い価値観の鎧を脱ぎ捨て、新しい衣と自らの新しい生存場所を模索していくことが大切であることを、四字熟語で表現しているのだと思います。

第2章

IoTは製造業の最適化・効率化だけの概念なのか

ＩｏＴは製造業にとって全体最適化のキーワードになる

最近ＩｏＴという言葉が、わが国の産業界（特に製造業）の魔法のツールとして脚光を浴びていますが、前述したように、ＩｏＴはあくまでも第４次産業革命を実現するための概念であって、情報システムのような部分最適化を目指したツールではありません。確かに、「スマートファクトリー」や「つながる工場」というコンセプトのもとで、製造業の全体効率化や全体最適化を目指す概念と捉えて、ＩｏＴに取り組んでいる企業は多く見受けられます。

ＩｏＴには図１－２で示したとおり、基本的に４つのプロセスがあります。

１つ目が機械やモノ、ヒトや社会現象からセンサーなどを用いて情報（データ）を収集するプロセスです。２つ目が収集した情報をインターネットなどを通じてクラウドなどの情報解析ソフトに伝送するプロセスです。３つ目がクラウドに伝送された情報を目的に応じて解析するプロセスで、４つ目が解析された情報によって分析し、人を介して目的とした対象物を制御するプロセスです。これらの一連のプロセスの流れを澱みなくリアルタイムに行うことにより、全体最適化が可能となります。

ＩｏＴという言葉は近い将来消えていく

第４次産業革命の基盤コンセプトであるＩｏＴの４つのプロセスを確実に実現することにより、製造業の構造の改革が実現されます。

しかし、リアルタイムに情報を処理することを除けば、現在の「ＩｏＴ」と呼ばれるコンセプトはそんなに大騒ぎするような新しい概念ではないのです。

１９６０年代前半には、ＭＩＳ（Management Information System）という経営情報システムが出現し、形成されました。１９７０年代に入ってそのブームが終わると、今度はＳＩＳ（Strategic Information System）という戦略的情報システムの考え方が出現してきました。ＳＩＳは、これまで蓄積してきたデータ資源とネットワークを基盤として情報システムを再構築することによって経営戦略の武器として活用するというコンセプトでした。このＳＩＳも長続きせず、忘れられていきました。その理由は、いずれも事業の効率化を目指した情報処理技術を主体とした考え方であったのと、ネットワークの技術がこれらのシステムを構築するには未熟であったことにあるのではないかと思われます。

次に１９８０年の後半に、ＣＩＭ（Computer Integrated Manufacturing）というコンピュー

タによる統合生産という概念が、時の産業界のエクセレント・カンパニーとしての革新のコンセプトとして大きなブームを巻き起こしました。ＣＩＭは、製品の企画・設計・開発・生産・製品管理・流通など一連のプロセスの流れを各部門間において、コンピュータ・ネットワークによって接続することで、各部門間の情報を有効活用するシステムを構築し、造りすぎをなくし、顧客の要求する商品を効率よく生産することにより、生産性の向上と企業競争力の強化を図ろうというものでした。その時もセミナーや書籍の出版が相次ぎました。

しかし、その後4~5年もすると、ＣＩＭという言葉は産業界から雲散霧消しました。著者はＩｏＴも同じ運命になるのではないかと考えています。したがって、ＩｏＴのコンセプトを正しく理解して、自社が考えている課題と目的を明確にして、そのソリューションとして地道に取り組む必要があります。

ＩｏＴの真水とは何か

ＳＩＳ、ＣＩＭの考え方は普及しませんでしたが、いくつかの経済用語でいうところの「真水」は残りました。ＳＩＳやＣＩＭの真水の1つは、スーパーマーケットなどの小売店で商品の販売情報の管理システムとして現在でも普及しているＰＯＳ（point-of-sales system）と呼ばれる商品の販売情報の管理システムです。これは商品を売った時点で、商品名、金額などの商品の情報や、配送、発注の詳細などの情報（データ）がコンピュータで管理されるため、販売地域、時間帯などの情報をもとにした販売戦略を立てることが可能となるシステムです。

もう1つの真水は、FMS（Flexible Manufacturing System）です。これも現在では多くの製造業で構築、活用されています。これは、多品種少量生産に対応可能な自動生産システムとも呼ばれています。

SISやCIMのコンセプトは消えてなくなりましたが、その代わり部分最適化であるPOSやFMSが製造業における生産性の向上に寄与していると思われます。

「製造業における神の手のように、やみ雲にIoTを構築すれば最適化、効率化が進み、競争力が向上する」と経営者が考えているとすれば、結果的にSISやCIMのようにいつの間にかブームはしぼんでいき、IoTはやがて消えてなくなっていくのではないかと考えています。

しかし、IoTのブームがたとえしぼんでいったとしても、次の2つの真水は残ると考えています。

1つはマスカスタマイゼーション（個別大量生産）という仕組みです。これは、顧客の個別要求に対して大量生産（マス生産）並みのコストで実現しようとする考え方であり、IoTと関係なく、グローバル時代における地政学的モノづくりにおいては必要な仕組みです。この仕組みを構築するためには、ＩｏＴのコンセプトが重要になってきます。そのためには、顧客が何を望んでいるかを素早く把握して、例えば３Ｄプリンター[※1]の活用や部品などを供給している協力会社と協調するための構築が大切になります。

もう１つの真水は、第１章で述べた「ＣＰＳ（Cyber Physical System）」の活用です。ＣＰＳについては図１－５を参照してください。そのための基幹技術はハードウエアとしてはセンサーやウエアラブル端末などの活用であり、ソフトウエアとしてはＣＧやＶＲ、ＡＲなどのサイバーの世界を表現するための技術が必要となります。

この真水も顧客の要求する機能を満足するために今後必要な仕組みとして残ると考えています。

したがって、ＩｏＴという概念を生んだドイツのインダストリー４・０（Industrie 4.0）は、全世界的に製造業の今後のあるべき姿を明示した点においては大きな価値をもたらしたことも事実です。

コーヒーブレーク

真水とは何でしょう

真水という言葉はよく経済対策などで使用されます。例えば、政府が経済対策を発表する際によく「事業規模10兆円」という風に、その対策全体の大きさが示されることがあります。

しかし、その金額が全部経済成長率の押し上げに直接効果があるとは限りません。その事業規模10兆円のうち、経済成長として国内総生産（GDP）を増やす効果のある対策費用を測る概念のことを「真水」といい、経済用語として用いています。

例えば、経済に影響を与える政策はいくつか存在しますが、その政策のすべてがGDPに対して直接影響を与えているわけではありません。企業の利益が増加し、個人の収入が事実上増加したとしても、実際に個人が使うことになる消費量がそのまま低迷しているのならば、GDPの値を増やすことができる対策とはいえないからです。したがって、実際にGDPを増加させている値（真水）を正確に測ることが重要です。そのためにも「真水」という概念は大切だと思います。

本章で用いた「真水」という言葉も同じ概念で使っています。つまり、現在ＩｏＴと大騒ぎしていますが、「ＩｏＴの真水は何か」を見極めて取り組むことが重要なのです。仮にＩｏＴという言葉が消え去っても、取り組んだ真水は残るのです。

「真水」の本来の意味は、読んだ字のごとく「塩分などのまじらない水…淡水」という意味です。デジタル大辞泉の解説によると「【▽真水／▽素水】混じりけのない水。まみず。」と定義されています。

第4次産業革命のカギは情報通信速度

では、ＩｏＴという概念を捉えるならば、製造業の最適化、効率化以外には役に立たないのでしょうか。経済用語に「ミクロ経済」、「マクロ経済」という考え方があるように、ＩｏＴの概念をマクロ的に考えると、「第４次産業革命」となぜ呼ばれているのかという原点に立ち戻って考える必要があるのではないかと思います。

そこで、われわれ日韓ＩＴ経営協会では、約４年前から第４次産業革命とは何の革命なのか、ドイツのインダストリー４・０とは何を目的にしているのかについて多くの議論をしてきました。その結果、ドイツが目指しているインダストリー４・０は、製造業の全体最適化であるのではないかと考えました（現在は製造業だけでなく新しい国づくりへ大きく方向転換しているように見受けられます）。

同時期にアメリカのＧＥが２０１１年にコスト削減などの付加価値を創造するインダストリア

ル・インターネット（Industrial Internet）構想を打ち出しました。その時は産業機械などにセンサーを取り付け、インターネット経由で可動データ（ビッグデータ）を収集・分析し、機器の保守や可動の最適化などに活用していました。その後、やはりGEが中心となってインダストリアル・インターネット・コンソーシアム（IIC）を設立し、日本企業やドイツ企業も参画しています。このIICでは製造業のみならず、ヘルスケア、エネルギー、公共、運輸を含めた5つの分野を対象に新しい社会の構築に向かって活動しています。

では、第4次産業革命は何によって革命と呼ばれているのでしょうか。第4次産業革命について考えるとき、注目すべきは情報通信速度だと考えています。

私たちが現在使用している情報通信速度は、現在スマートフォン（スマホ）などで使用されている4G（第4世代）と呼ばれる情報通信速度（1Gbps）が示すように飛躍的に伸びて、2020年には4Gの10倍（10Gbps）に飛躍的に発展すると見込まれています（図1−6）。このことは何を意味しているのでしょうか。

現在、情報通信速度を活用したICT分野を牽引しているICT端末が、スマートフォンであることは、読者の方々も熟知されていると思います。しかし、スマートフォンはいずれ形を変えてウエアラブル端末の1つに組み込まれていくと思われます。ウエアラブル端末の急激な発展はIoTにおける情報の収集や伝達（コミュニケーション）、人の移動、購買行動などの生活に密着している現象に直接影響を及ぼすのではないでしょうか。

それでは、スマートフォンの次には、どのようなウエアラブル端末が普及していくのでしょうか。

現在は腕時計型や眼鏡型、HMD型（Head Mounted Display）、カメラ型などがありますが、さらに急速に発達していくことは容易に予測できます。現在のウエアラブル端末は製造業の生産現場で活用されていますが、健康管理サービスなどにも有効に活用されています（**表2―1「ウエアラブル端末の用途」**）。

IoTは製造業だけでなく社会を変える

このような現状を踏まえてわれわれの研究会では、IoTのコンセプトを基盤とした第4次産業革命は、製造業というミクロ視点から現在、わが国が抱える少子高齢化対策、地方創生化の軸として農業改革、また医療・介護対策などを含む社会保障改革、エネルギー改革などに活用するためのモメンタム（はずみ、勢い）として捉えることが重要だと考えています。

したがって、本書はIoTを製造業の革新のためではなく、日本の抱える種々の大きな課題を解決するためのヒントとなるよう執筆しました。

表2-1　ウエアラブルデバイスの主な用途

分野		用途
民生系	健康	バイタルデータ、活動量等のモニタリングによる健康管理
	スポーツ	選手のコンディション管理
		フォームの可視化（ゴルフ、テニス）
		ゴルフのスコア管理
	防犯	子供の見守り
	移動・交通	ナビゲーション
	観光	観光客への情報提供
		博物館・美術館等での見学者への情報提供
	コミュニケーション	情報通知（メール・メッセージ受信）
	エンタテインメント	ゲーム
		映像鑑賞
	ペット	ペットの位置把握、健康モニタリング
業務系	製造業、都市インフラ	設備運用・保守
	航空サービス	航空機保守・点検
		客室乗務員の接客支援
		空港業務の情報支援
	医療	診療支援、手術支援
	物流・製造業等	ピッキング、搬入作業支援
	交通・物流等	安全運転支援（眠気警告）
	不動産	住宅物件の疑似体験
	マーケティング	視線トラッキングによる商品配置

（出典）総務省「社会課題解決のための新たなICTサービス・技術への人々の意識に関する調査研究」（平成27年）

われわれの提案として、第3章に新しいビジネスを創造するための視点を紹介し、第4、5章には農業、医療、介護改革、教育改革の創造という視点で提案しています。特に戦後に策定された各分野における種々の規制が第4次産業革命の出現によって徐々にではありますが緩和されてきていることも念頭に置いて、新ビジネスの創造に挑戦していくことが大切です。

コーヒーブレーク

スマート化

なぜIoTの世界では「スマート化」という言葉が使われるようになったのでしょうか。

近年、「スマート」という言葉が新聞、雑誌などで氾濫しています。本書でも、スマート社会、スマート工場、働き方のスマート化など頻繁に使用しています。「スマート」という言葉を辞書で調べると、「格好がよい」「洗練されている」「賢い」などと書かれています。ではなぜ、IoTの分野において盛んに使われるのでしょうか。

もともとスマートフォンやスマートグリッドなどの意味するところは、ICT技術を活用し、状況に応じて、使う人にとっての最適化を実現することでスマートという言葉が使われるようになったのではないかと思われます。それが、格好よしとされて「スマート○○」とか「○○スマート化」と頻繁に使われるようになりました。

いずれにしても、ICTを活用してコンピュータを制御し、状況に応じてリアルタイムに対応することにより無駄をなくし、全体効率化を図ることを目的にした設備や制度に多く使われています。

第3章

新たなビジネスの座標軸を考える

新しいビジネスを考える座標軸「ＢＣＧトライアングル」

◆社会活動の主体はＢＣＧ

新しいビジネスを考えるために、まずは社会構造を理解しておく必要があります。

一般社会においては、意志に基づいて行動したり、他に作用を及ぼしたりする3つの主体が活動しているといえます。

1つ目の主体は、市民（Citizens、Consumer）とその家族（Commoner）です。その生活の源になるのは衣服と食物、それに住宅、つまり「衣食住」です。この衣食住はどれも市民とその家族の好みによって選択される有償かつ有形の人工物です。

2つ目の主体は、衣食住（人工物）を生産したり、供給したりする営利企業（Business）です。3つ目の主体は、政府や地方自治体（Government）です。

多種多様な企業で成り立つ社会には、ある種の社会的な約束事（掟）が必要になります。そして、それぞれの生活や行動はその約束事に従うことで、秩序を維持していく役割を担っています。

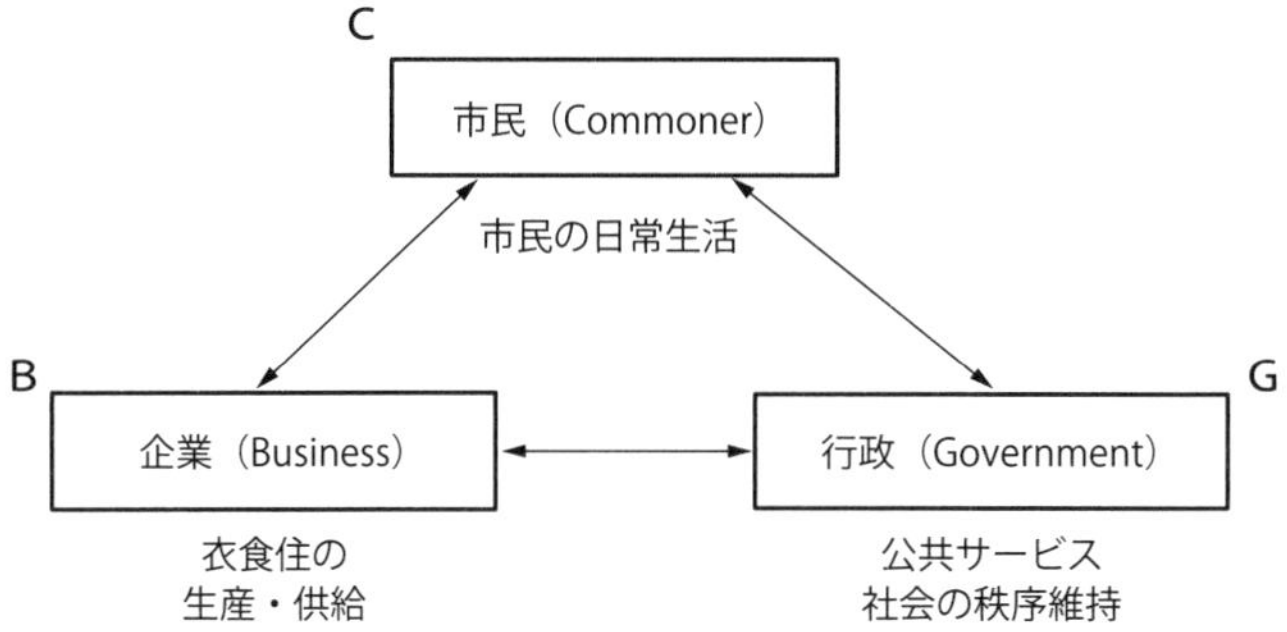

図3-1　社会活動の主体「BCGトライアングル」

ＩｏＴ時代にはこの3つの主体を、新しいビジネスを考える際の座標軸（視軸）として捉えていくことが必要だと思われます。

前述した3つの主体それぞれの英語の頭文字をとって、企業を「B」、市民を「C」、政府を「G」で表わすと、わが国の社会の仕組みは「BCGのトライアングル（三角形）」になります。**図3−1「社会活動の主体『BCGトライアングル』」**に示すように、社会はBCGの相互作用によって成り立っていることがわかります。

◆新しい「B2C」—電子商取引

電子商取引（インターネットを介して受発注や決済、契約などの商取引を行うこと。通常eコマースと呼ばれています）では、インターネットを使った消費者向けの商取引「B2C（Business to Consumer）」が、いつの間にか生活のなかにすっかり溶け込みました。

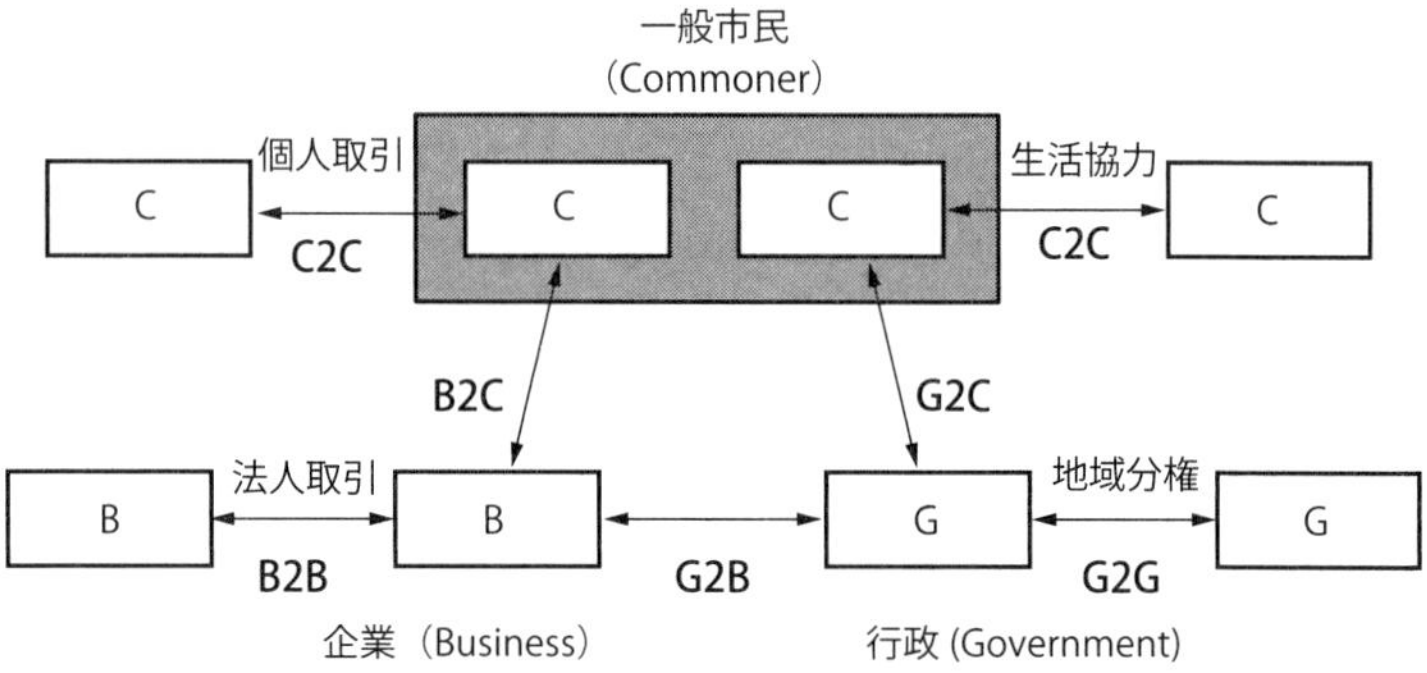

図3-2　社会活動の基本的な機能

市民の日常生活においては、企業に対する視点「Ｂ２Ｃ」と自治体に対する視点「Ｇ２Ｃ」という2つの視点があります。

「Ｂ２Ｃ」は企業に対する視点で、この場合の「Ｃ」は、商品の消費者（Consumer）である顧客（Customer）のことです。もう一方の「Ｇ２Ｃ」では、行政サービスを受ける市民（Citizen）や地域（Community）を指しています。なお、「２」は「ｔｏ」の単なる当て字で「ｔｏ」の代わりに「２」と書くのが通常です。

一方、企業「Ｂ」には、企業同士の法人取引や企業間取引を意味する「Ｂ２Ｂ」があります。普通は最終製品メーカーと中間材を供給する企業とに分けられ、中間材や生産設備を生産する製造企業は特に「Ｂ２Ｂ企業」といわれています。

多くの大手製造企業では、同じ系列内に、「ケイレツ企業グループ」ができていて、最終製品を組み立てる元請け企業と、中間材を供給する下請け企業（部品、設備メーカー）

表3-1 「B2C」と「G2C」の違い

関係、型 ＼ ビジネススタイル	B2C	G2C
取引関係	企業と消費者	行政と市民（無償または有償）
需要と供給の関係	「衣食住」に必要な、サービス	「医職住（民）」との関係に必要なもの
生産の型	大量生産、大量販売	個人、地域社会への対応

で、ピラミッドの形をした階層構造の関係になっています。これまではこの関係がうまく機能して、高度経済成長を支えてきました。

しかし、90年代末から各企業（特に輸出企業）が、競争力強化のためにコストダウンや部品の共通化、部品の「モジュール化」を推進してきました。その結果、部品メーカーや設備メーカーの独立化とグローバルな水平分業化が急速に広がりました。

また、「第4次産業革命」が契機となり、**図3－2「社会活動の基本的な機能」**に示したように産業構造はもう一段高いステージに移ろうとしています。

電子商取引は、その一例といえるでしょう。

「B2C」と「G2C」の違いを表3－1に示しました。

エネルギー改革による取引関係の変化 ―公共インフラの民間開放の軸

「BCG」の「G」の種類と役割について考えます。

図3－2のなかにある「G2G」の「G」には、国の行政のもとに公共的な目的を遂行するための団体として、地方公共団体（自治体）、公共組合、営造物法人（学校、病院などの公共営造物の独立法人格を与えられた法人）の3種類があります。広い意味では「公共的団体」というくくりのなかに、NPO法人や農業協同組合、青年団、町内会、地域自治会なども含まれ、さまざまな行政サービスを提供しています。

「G2B」における「G」の役割には、社会的な秩序の維持のほか、公共インフラの整備、産業や企業に対する先進的な技術の開発支援など、いわば社会的な先行投資もあります。

では、「G2B」に関連した、電力関係と自然エネルギーの現状について考えてみましょう。

現在の一般電気事業者としては、10社体制が確立されており、送配電事業の地域独占と、製造原価を積み上げたうえに利潤を加算する総括原価方式で料金を徴収する制度が定着してきました。

掛かった費用の全額を電気料金に転嫁できるのですから、国家が後ろ楯になって赤字の出ない、いわゆる「親方日の丸」の経営が保証されていたわけです。

しかし、2011年に発生した東日本大震災をきっかけに電力の地域独占が見直されました。発電と小売市場の自由化が進められたことで、送電部門を分離する発送電分離が進められ、中立公正な競争が導入されました。

そして2015年に、電力需給が地域を超えて効率的にやり取りできることになりました。さらに、2016年に家庭を含む電力小売の全面自由化が始まりました。その結果、商社や放送、通信などの異業種企業のほか、消費者生協、ご当地電力（自治体や地域の市民団体、地元企業などが主体になって行う発電事業）と呼ばれる自治体、市民団体などが一斉に電力市場に参入しています。

自然エネルギー開発では小水力発電や地熱発電、バイオマス発電（動植物などの生物から作り出される有機性のエネルギー資源で、一般に化石燃料を除くものを総称しています）が期待されています。一方では脱原発の動きもあり、また原発事故の事後処理の問題が大きな課題となっています。さらに、アメリカで進んでいるシェール層から石油を採掘するシェール革命にも、今後、電力市場は影響を受けそうです。

このような環境の変化を、新しいビジネスの軸として捉えることが重要です。

コーヒーブレーク

バイオマス

バイオマスとは森林の成長過程で密集化する立木を間引く間伐（間伐材）や製材のおが屑、剪定された枝や葉、建築廃材、畜産で生じる糞尿、下水道の汚水処理場で集められた有機物、家庭の台所のごみなど生物起源のエネルギー資源の総称で、バイオマスエネルギーは再生可能エネルギーの1つです。

二酸化炭素は燃焼時に発生しますが、再びバイオマス生物の成長時に吸収されるため、実際には二酸化炭素の排出はゼロとされています。地球温暖化の原因の1つになっている二酸化炭素の排出を回避することができるため、化石燃料に代わる新エネルギー源としてバイオマスエネルギーの開発が進められています。

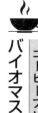

直接燃焼して熱や電力を得たり、発酵させてガスを取り出し（バイオガス）、コジェネレーション（熱併合発電）で燃焼したり、エタノールなどの液体燃料に転換して自動車用燃料に用いるなど、利用方法も多岐にわたっています。欧州では広く普及し、スウェーデンではバイオマスエネルギーがエネルギー供給の2割を担っています。

日本では、製紙工場での黒液（パルプ製造時の廃液）・廃材の燃焼など一部の例を除けば、バイオマスエネルギーの普及が遅れています。2002年12月には、農林水産省を中心に「バイオマス・ニッポン総合戦略」が閣議決定され、新・国家エネルギー戦略の柱となっています。

また、国内のバイオマス発電事例としては新潟県糸魚川市のサミット明星パワーの糸魚川バイオマス発電所や、北海道別解にある別解バイオガス発電の発電所などがあります。

農業改革による新しいビジネスの創造 ―地方創生の軸

農業改革の目標は、補助金漬けの農業から、国際競争力を備えた稼げる農業への移行です。具体的には、「①農業の独立した自主的経営により市場経済に耐える体質への転換」、「②農地の流動化と集約化による大規模経営の実現」、「③農業の多機能性の維持と発展」、「④企業の農業参入の促進と拡大」、「⑤情報通信技術の積極的な導入」、「⑥農業の6次産業化」などが挙げられています。

しかし稼げる農業の背後にもう1つの目標があります。それは、若い新規就農者が将来に期待を寄せられる恒常的かつ安定した雇用の場に転換させることです。地方創生のカギは1次産業にあるのです。

農業・水産業・林業改革による新しいビジネスの創造に関しては第4章で記述していますのでご一読ください。

コーヒーブレーク

6次産業化

農林水産業者が生産（1次産業）、加工（2次産業）、販売（3次産業）まで一体的に取り組んだり、2次産業、3次産業業者と総合的、一体的な推進により新商品や新しいサービスを生み出したりするために、1〜3次と掛け合わせる、または足し合わせることから「6次産業」と呼ばれています。

この6次産業が実現すると、消費者の求める商品の生産、供給が可能になります。また、6次産業は、農林水産業者の所得向上、地域の活性化、新たな付加価値を産み出すことにつながるように考えられた仕組みです。

国も、労働生産性の悪い農林水産業を成長産業にするために、この仕組みを推進しています。

6次産業は、農林水産業者などが主体となって、自ら生産した農林水産物などを活用した新商品を開発し、既存の販売ルートではなく、直接消費者に販売することにより、新たな販路を開拓していくことが特徴です。6次産業という言葉はウィキペディアによると、農業経済学者の今村奈良臣氏が提唱した造語だそうです。

また、1次産業の収入は、作物・収穫物を市場に卸すことで得られます。この場合、天候不順や冷害などによって不作になったり、逆に豊作になったりした時に、生産調整しなければならないなど、収入が安定しないのが特徴です。

これが6次産業になった場合、作物をそのままではなく調理・加工・パッケージングして販売することができるので、天候などに左右されることなく、安定した収入を得られることが可能になります。

ただし、原材料があまりにも不作の場合などには、収入に影響があるでしょう。

6次産業のメリットには、前述した以外に「作物のブランド化」や「雇用の確保」などがあります。デメリットは、必ず法人化が必要不可欠であるため手続きが必要になってくることと、取り扱う商品の品質管理や、加工工場での作業者や直営店での販売員などの人件費のほか、宣伝に必要な広告費などが必要になり、始めるのには多額の資金が必要になることです。

「6次産業化の取組事例集」が農林水産省のホームページに掲載されていますので、ご興味がある方はご覧ください。

3つの主体「BCG」を取り巻く環境の変化

地方分権改革は一段落して、現況では、その成果を現場で具現化する次の段階にきています。しかし、急速な人口オーナス※1（従属人口指数の増加現象）に差し掛かり、産業構造のグローバル化と先進国経済の低迷という急激な環境変化のなかで、わが国は世界に先駆けて少子高齢化が進み、種々の大きな課題を抱えています。

特に人口の高齢化による医療費の高騰が続き、国の財政負担が限界に近づいているといわれています。それゆえに、社会福祉を中心とする新しい地域社会や革新的な生活インフラにより、「BCGトライアングル」を構築し直すことが不可避となってきているのではないでしょうか。

そんな中、視点を変えて考えてみると、IoTを実施するための技術革新が進行しているので、BCGトライアングルを活用した新しいビジネスモデルは、そのまま世界の先行モデルになる可能性があります。

◆少子高齢化対策と物流の融合―スニーカーネット

少子高齢化対策には異業種企業が参入して受け皿となる事例も増えており、高齢者を中心にした集合住宅の設置や無線通信、電子機器を使って高齢者を見守る、多種多様な試みが実施されています。基本的には住民生活の現場を知る自治体を中心に、住民や大学、NPO法人などの公・共・私からなる地域社会の支援が必要になっています。

また、物流の視点で考えてみると、個人宅を訪問しなければならないビジネスは、配達員の担当エリアが限定されている郵便や宅配便、新聞や宅食などの定期的な配達などのほか、スーパーマーケットや商店街の即日配達サービスなどがあります。一方で、実店舗とオンラインショップの販売、流通チャンネルを統合する試みも出てきています。

これらの現象を、インターネットの世界では「スニーカーネット」と呼んでいます(スニーカーネットについてはコーヒーブレークを参照)。最近では自治体が郵便局や生活協同組合、宅配業者などと、高齢者の見守りなどで包括的に提携する事例も増えています。スニーカーネットの融合化は、特に過疎地において有効な人手不足の解決策になる可能性があるかもしれません。

さまざまな地域や日常生活に存在するラストワンマイル(ラストワンマイルについてはコーヒーブレークを参照)について、ばらばらにあるスニーカーネットの垣根を取り払って組織化する時機にきていると思われます。

これらの地域課題の解決策を、スニーカーネットに結び付けて統合化することができれば、余力が生み出されて新しいビジネスを発想できる可能性もあります。

コーヒーブレーク

「スニーカーネット」と「ラストワンマイル」

「B2C」に関連して物流業で「ラストワンマイル」の事業化が注目の的になっています。この言葉は、もともと1980年代の通信自由化のとき、電話回線の家庭への引き込み部分を指して使われていました。しかし、最近では物流業界において、地域の配送拠点から個人宅までの宅配を指す用語として使われています。また、災害の被災地に送られてきた支援物資が集積所に滞留して被災者に届くのが遅れたことから、その区間を指して使われることもあります。

ネット通販は大都市圏では即日配達が目標になり、宅配の効率化を目指してコンビニエンスストアや郵便局での受け取りサービスが始まり、駅近辺や郵便局、コンビニ、集合住宅などに宅配ロッカーを設置する動きも広がっています。一方で、貨物自動車による公道の輸送は渋滞に巻き込まれることもあるため、渋滞のない地下鉄で輸送する実証実験も行われています。

周辺ビジネスを巻き込んだ総合的な宅配業務のラストワンマイル再編は、地域の課題解決の手段としても検討されています。また、宅配サービスなどを一種のネットワークとみなして「スニーカーネット」と呼ばれることもあります。

「スニーカーネット」とは、靴の底をすり減らしてモノを届けるという意味です。一般的に地方では都市部と違って人口密度が低く、人手不足も重なって流通システムの省力化は差し迫った課題になっています。

「C2C」の新しい展開―シェアリング・エコノミー

「C2C」は、消費者同士が行う個人間取引のことで、これまでは不用品や希少価値の高い装飾品などを売買するフリーマーケット（Free Market、自由市場）くらいしかありませんでした。しかし、スマートフォンやタブレット端末が発達し、ソーシャルメディアの使い勝手が高まったことで、ネットオークションや業者を通したフリーマーケット（Flea Market、蚤の市）が新しいビジネスとして登場し、インターネットを利用して手軽に取引できるようになりました。

ソーシャルメディアとは、消費者「C」が主体となり、「個人対個人」や「個人対組織体」の間で双方向から交信できるメディアです。たとえば、ブログをはじめ、YouTubeなど閲覧者を制限しないオープンなサービスなどがあります。そこでは文字や音声、静止画、動画像などを投稿し、意見交換や仲間づくりもできるため、このやり取りが、「BCGのトライアングル」に変革をもたらそうとしています。

この現象を「シェアリング・エコノミー（共有経済）」と呼んでいます。

コーヒーブレーク

シェアリング・エコノミー

シェアリング・エコノミーとは、ビジネスコンセプトの1つです。これは、個人が所有するモノやノウハウなどをインターネットを介して他人に貸し出したり、売ったり、物々交換したりする仕組みのことで、会員間で自動車を共同利用する「カーシェアリング」や、自分の住んでいる家の空いた部屋や誰も住んでいない空き家などを貸し借りする「民泊」、個人や中小企業が小口資金を調達する「クラウドファンディング」などが世界的に広がっています。このコンセプトの特徴はモノやサービス、カネを個人同士が共有したり、融通し合ったりする枠組みにあります。「所有する」から「共有ないし利用する」ことへの転換は大きな価値観の変化です。

しかし、ビジネスにおいても「買い取り」から「リース・レンタル」へ、ものづくりにおいても「モノ」から「サービス」にビジネスモデルが変化してきており、社会生活においても「モノを買う」から「利用権・サービスを買う」ことに変化してくるのは自然の流れかもしれません。

シェアリング・エコノミーは**図3-3「シェアリング・エコノミーのビジネスモデル」**に示すように、業種・業態を超えた広がりを見せています。ビルや住宅の所有者が空いている駐車スペースを時間単位で貸し出したり、法人同士がカーシェアをしたり、飲食店の料理宅配サービスの「出前」配達

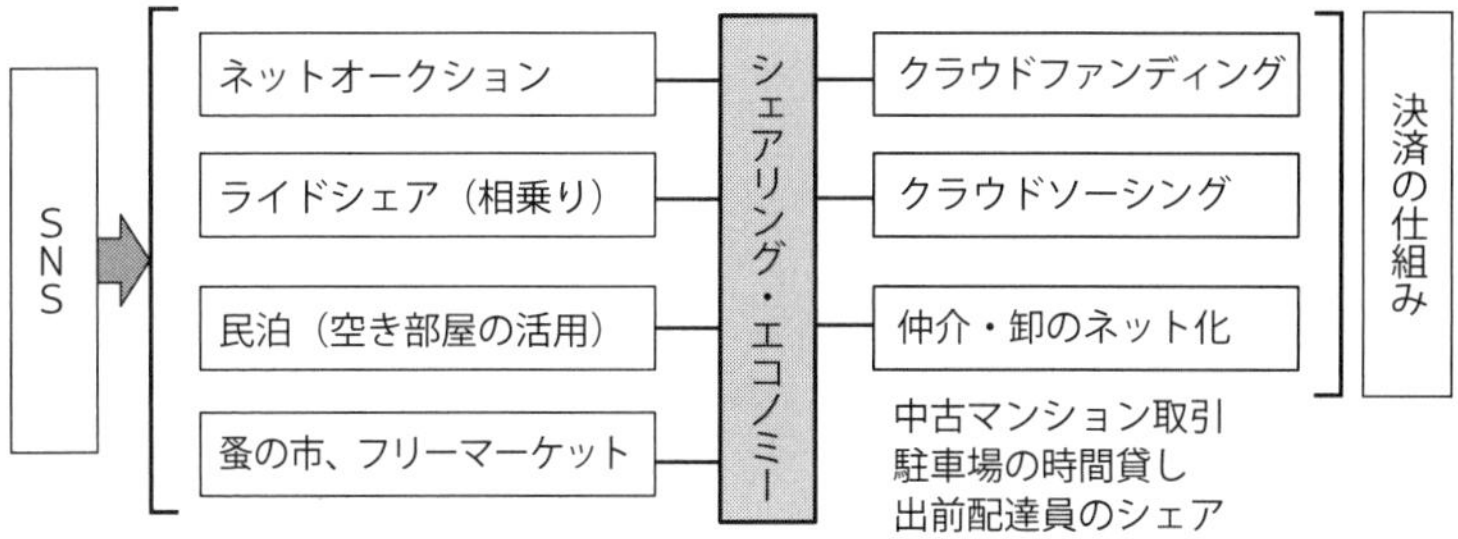

図3-3 シェアリング・エコノミーのビジネスモデル

員を共有したりする例も現れています。

物流プロセスのなかで仲介業者や、販売店の店先という場をインターネットに代替するビジネスは無数に考えられ、これからもっと広がっていくでしょう。ビジネスに大きな元手を必要とせず、しかもサイトの実質的な運営場所は大都市でなくとも地方の小さな町でもできます。これの事例はテレビ通販やネット通販に多く見られます。

市場はモノに限らず、ヒトやスキルも対象になります。また、最近の新しい事例として、衣服の短期貸し出しも出現してきています。

コーヒーブレーク

蚤の市「Flea Market」と自由市場「Free Market」

フリーマーケットという言葉が最近飛び交っていますが、この言葉は日本語で「蚤の市」と「自由市場」と解釈されています。

もともとフリーマーケット（Free Market）の語源は「蚤の市」で、フランスの第2帝政時代（1852－1870）にパリの中心街の狭い通りを軍隊が行進できるような大通りにしようと計画し、スラム街や古い商店を取り壊したことで店舗を失った商人たちが市を開いたことから始まりました。

「蚤の市」と呼ばれるようになったのは、古着も扱っていたためノミ（Flea）を連想する、また、どこからともなく人や商品などがわいてくるなどといわれていますが、さまざまな説があり、定かではありません。

蚤の市はフランス語では「Marché auxpuces」、英語では「Flea Market」と訳されています。flea（ノミ）とfree（自由）はフリーの発音が似ているのでカタカナで書くと同じフリーマーケットとなりますが、蚤の市は「Flea Market」であり、「Free Market」ではありません。日本の蚤の市は神社境内などで縁日に行われることが多いようです。

しかし、近年は若者やファミリー向けのイベントとして、大規模な公園やサッカー場などで行われ、「Flea Market」ではなく、自由参加を絡ませて「Free Market」との意味の言葉として使われているケースが多いようです。歴史的には19世紀半ばからある蚤の市としてのフリーマーケット（Flea Market）と、20世紀後半から自由参加として現れたフリーマーケット（Free Market）は、似て非なるものと解釈することが正しいようです。

「クラウドファンディング」や「レンタル工房」の広がり

販売活動に直接関係するわけではありませんが、これから活用領域が広がると思われる分野にクラウドファンディングがあります。これは群衆（Crowd）と資金調達（Funding）を組み合わせた造語で、証券会社でなくてもインターネットを通じて不特定多数の人から資金などを調達できる手法です。政府や自治体だけでなく地域の金融機関も、地方活性化の一環として、地域のベンチャー企業育成に踏み出しています。

もともとは資金力の弱い起業家が、インターネットを通じて不特定多数の人から小口の資金を集める手段として活用されてきました。最近では、起業家が製品アイデアを公開して、その購入希望者数が損益分岐点を超えて一定数に達したところで、商品化する仕組みが現れてきました。うまく活用すれば、小規模な地方のベンチャー企業や資金のない個人でも新商品を創り出すことが可能です。

すでにいくつかの自治体が、クラウドファンディングの費用の補助や、資金の出し手と借り手の仲介などを支援しています。さらに総務省は、住民の技能を市町村に登録する「人材バンク」づくりに乗り出しています。希望者に限って技能や職歴、資格などを含んだデータベースを構築

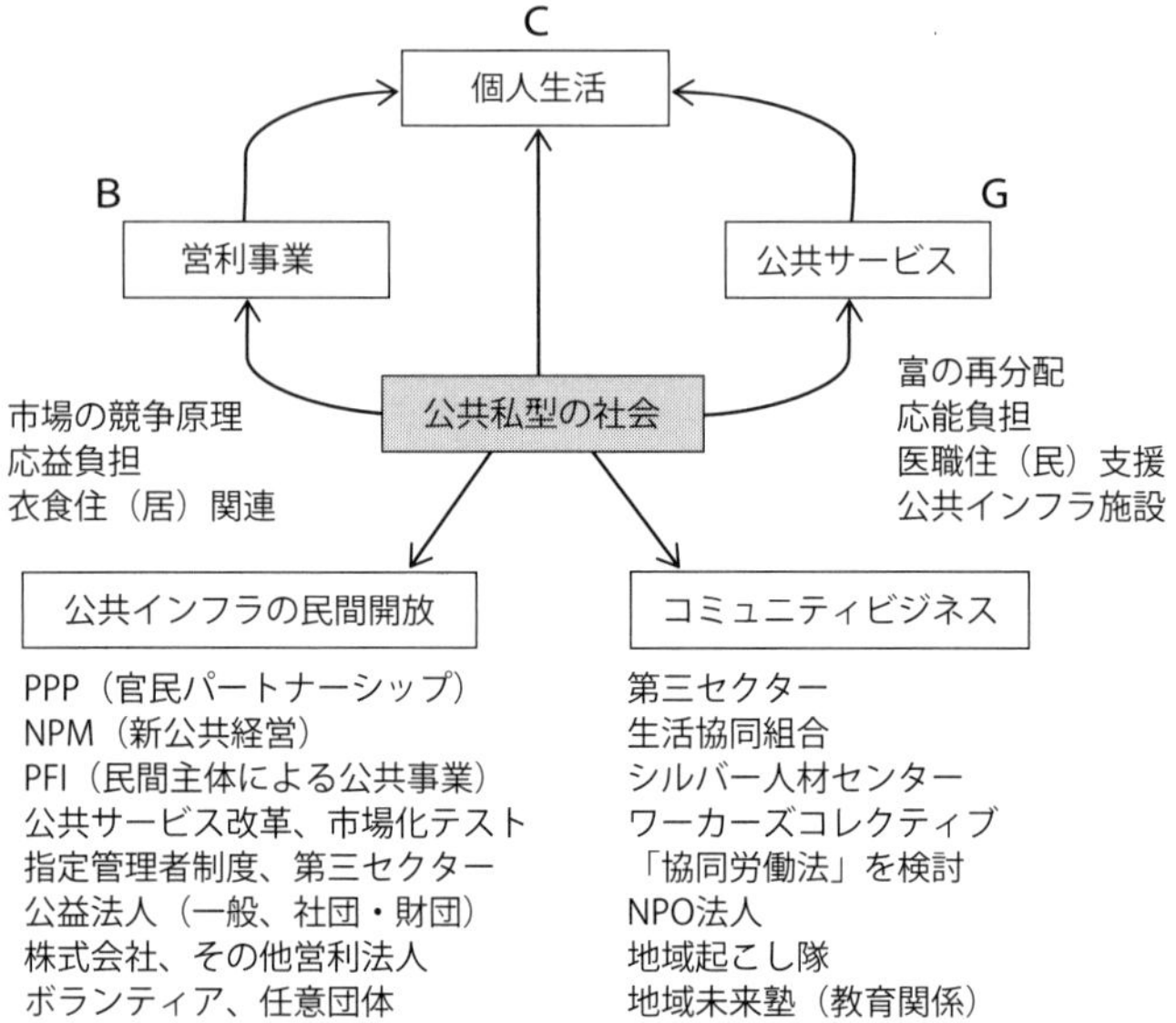

図3-4　公共私型社会の仕組み

し、地方創生につなげようというのです。当面は保育や介護などの分野に絞るようですが、対象分野が広がれば、いわゆる潜在的な地域力が明らかになり、ものづくり工房の拡大とも相まって、地方の起業家にとって新しいビジネスの視軸になるかもしれません。

また、木や金属などを加工する工具や3Dプリンター、レーザーカッターなどを有料で使える工房も増えています。高齢者でも新しい工具や作業現場を使える工房は「シニア工房」や「レンタル工房」とも呼ばれています。大手メーカーも外部の知恵を積極的に導入するために、多種の工作機器を備えた工房を設けています。このように、熟練した技を持っていない人が、独創的なアイデアを製品化できる環境が整いつつあります。

試作品や完成品の製造については、コンセプトと設計以外の製造を別の企業に任せる、いわゆる「ファブレス化※2」と呼ばれる受け皿もできています。アップルは典型的な生産工場を持たない企業として有名です。このビジネスモデルは「ＥＭＳ（Electronics Manufacturing Services、生産受託サービス）」と呼ばれています。

しかし、地域社会を考えるうえで主軸となるのはやはり市民「Ｃ」でなければなりません（**図3-4「公共私型社会の仕組み」**参照）。

ＩｏＴの出現は、「ＢＣＧトライアングル」という枠組みのなかから革新的ビジネス創出の可能性を見出して、上昇の原動力となる好機ともいえます。

「ネオダマ」で環境変化を捉えて新しいビジネスを考える

◆輝きを秘めた「ネオダマ（新珠玉）」の原石

技術革新や構造改革の根底には、ＩＣＴの技術革新があります。その動向を見つめていると、近未来の新しい社会に必要な「ネオダマ（新珠玉）」が散りばめられているさまが浮かんできま

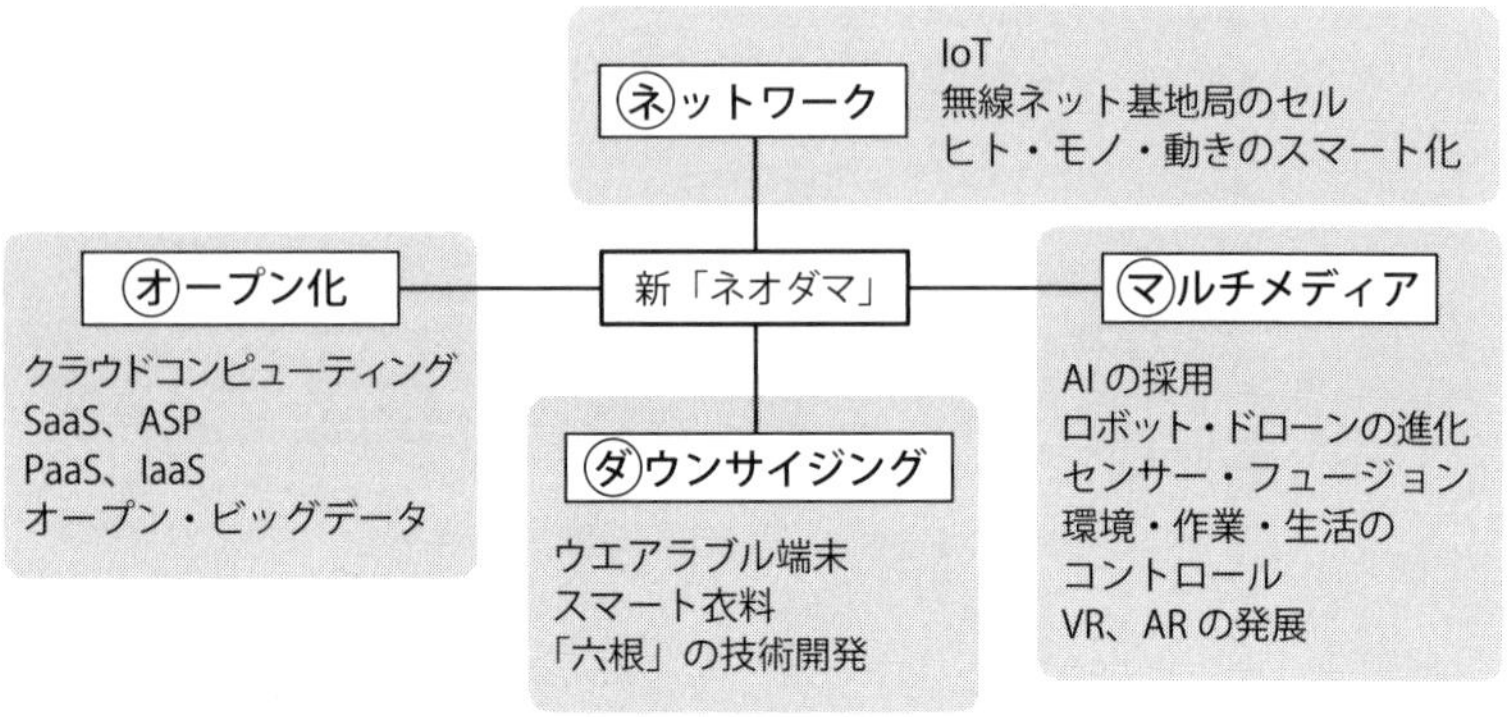

図3-5　新「ネオダマ（新珠玉）」の再来

す。かつて「ネオダマ」に新弾丸（コーヒーブレークを参照）をあてたのは、1990年代に技術革新という要因があったからですが、今回は少し違い、社会の未来に期待を持たせる技術革新というイメージがあります。

そこで、新弾丸の「ネオダマ」とは別に、ここではそのねらいを活かして、それぞれの意味を広く捉え整理して「新珠玉」と名付けてみました。

図3－5「新『ネオダマ（新珠玉）』の再来」に示すように「ネットワーク」にはもともと通信網や網状組織の意味がありますが、座標としては「ネットワーキング＝つなぐ」、「オープン＝開く」、「ダウンサイジング＝小さく・低く」と定義してみました。

◆あらゆるものをつなぐ「ネ」（Networking）

まず、「つなぐ」ですが、すべてのものをインターネットにつなぎ、互いにやり取りし、コントロールし合うというIoTのコンセプトは、「ネットワーク」そのものの進化形です。

わが国の産業界では、すでに機械対機械でデータを自動的にやり取りする「M2M」が実施されており、それをインターネット上で行うM2Mクラウドも企業経営や社会インフラに活用されています。その意味ではIoTという概念はそれほど目新しいものではなく、すでにある技術の延長線上にあります。違うのは対象とする「つなぐもの」が産業機械や日常生活に身近な家庭の電子機器だけでなく、作業現場の個々の作業用工具や耕具、さらには衣食住の形式などに及び、生活様式や人々の行動の範囲や行動パターンまでリアルタイムにつながることです。

ここで**大切なことはリアルタイムにつながる**ということです。第4次産業革命は第1章で述べたように通信速度の革命だからです。

放送には「メディアサイクル※3」という周期30年があります。1920年のラジオ放送、1950年のテレビ放送、1980年の有線テレビ（CATV）とカラーテレビで、その後は2010年となります。この年は、スマートフォンやタブレット端末などの「メディア・コンバージェンス（融合）の時代」とみることができます。

放送と通信、それにインターネットと携帯電話はすでに融合していますが、これからどんな発想や仕組みのメディアが出てくるか期待されるところです。おそらく個別の事業分野や目先の業務領域に限った専用のプラットフォームができて、それ専用の新しいタイプの機器や端末、それも次元の異なるレベルの使いやすい製品が開発されると思われます。

まわりを見渡してみるとパソコンは生活の場では見られなくなり、業務専用に特化されつつあります。今はメディア関連のビジネスが入れ替わる時期といえます。企業活動や生活環境のなかから、新しい地域社会や生活の仕組み、サービスなどが工夫され、それに合った新しいメディアやネットワークが生まれてくることでしょう。

◆新産業革命の幕が開く「オ」(open)

第4次産業革命の基軸技術とみられるものには、人工知能(AI)、センサー技術、加えてクラウドコンピューティングやビッグデータなどがありますが、IoTの活用に肝心なことは何を対象にしたいのかです。

産業分野と違って地域社会と日常生活の情報化は手さぐりの状態で、新しい道を切り拓く挑戦が必要です。そこにどういうビジネスを構想し、どういう技術を使うかには先例も少ないので、開拓の扉はまさに開かれた状態です。

これまではハードやソフト、データなどのリソース(資源)は自分で用意しなければなりませんでしたが、外部リソースを自由に利用できるクラウドコンピューティングサービスが普及してきました。

クラウドというのは、ICTを活用したシステムを描くとき、ネットワークは大きな雲（Cloud）で表現されることからそう呼ばれています。実際のクラウドサービスには提供するリソースやサービスの違いによって、SaaS※4、（ASPサービスと同様にインターネット上で利用できるソフトウエアやサービスのこと）や、PaaS※4（インターネット経由でアプリケーションを利用するためのプラットフォーム（基盤）であるOS（オペレーティングシステム）やウェブサーバー、アプリケーションサーバーなどのミドルウエア、開発のための環境やツールなどを提供するサービスやシステム「日本大百科全書」）、IaaS※4（コンピュータシステムを構築して稼動させるためのハードウエアやネットワークなどのインフラストラクチャーを、インターネットを通じたサービスとして提供する形態のこと「IT用語辞典バイナリ」）に分けられたソフトウエアを、必要に応じて自由に選ぶことができるので、自前で膨大な費用をかけることなくクラウド上で開発することができます。

今こそ地域や身のまわりの課題を解決するために、自由奔放な構想を巡らせて具現化する絶好の機会が用意されているのです。

◆身近で小さく「ダ」（Down-sizing）

最大の技術革新はパソコンの機能がスマートフォンのなかに納まり、指で画面に触れて操作する方式が普及したことです。どこへでも持ち運べるようになって小さく身近な存在になり、スマートフォンは通話だけでなく、インターネット接続のほか、応用ソフト（アプリ）によって機能を追加できるようにもなっています。その結果、パソコンの需要が世界的に縮小し、事業から撤退するメーカーが増えてきました。

さらに注目されるのはウエアラブル端末の普及です。身に付ける体の部位によって腕時計型から眼鏡型、指輪型、ペンダント型、かつら型にまで広がっています。また、インターネットに接続される端末も家電製品やゲーム機、電子辞書、デジタルサイネージ（電子看板）、デジタルフォトフレーム、健康や生活関連の機器など多様で、軽薄短小化が一層進んでいます。

◆地域を組織化して紡ぐ仕組み「マ」（Multimedia）

マルチメディアは、一般には放送や通信、インターネットなどのサービスを総合して、音声やデータ、画像などをデジタルで送受信することです。「マルチメディアはコンテンツ（中身）とコンジット（導管）」とから成り立っているといっても過言ではないでしょう。

この見方をさらに細分化すると、そこには**図3－6「IoTの骨組み（概念）」**に示すように（図1－2も参照するとよく理解できると思います）、IoTにおけるデータの流れである「6CON」にたどり着きます。

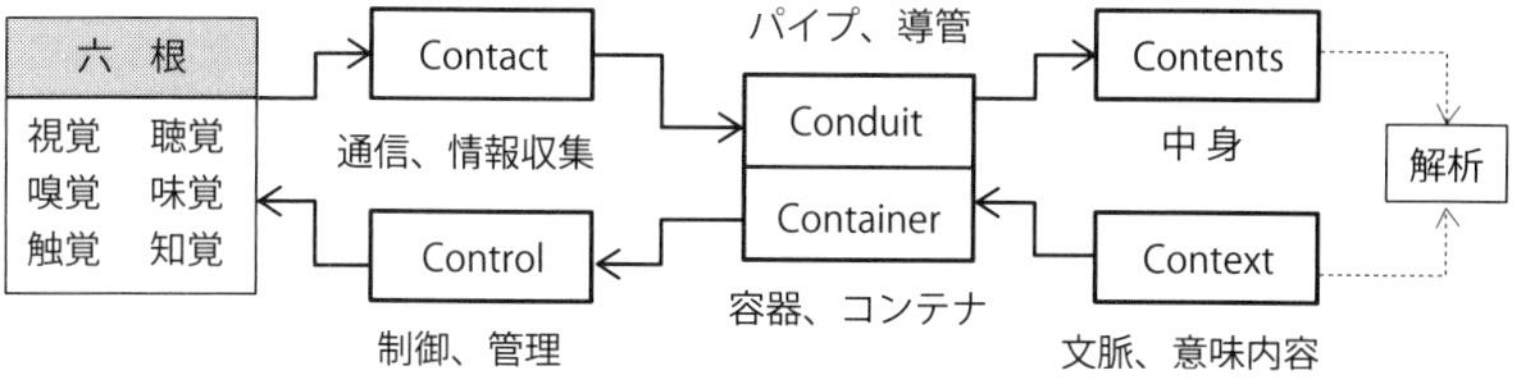

図3-6　「IoT」の骨組み（概念）

そこで注目されるのは、情報処理の新しい技術や手法の登場です。「コンテンツ&コンジット」を細分化したシステムの高度化や効率化が急速に進化しています。情報収集の段階では多様なビッグデータの分析技術やセンサー技術の進歩、深層学習をきっかけにブームになっているＡＩ、仮想現実（ＶＲ）などです。しかし、これらの技術は新たなシステムを構想する段階ではあまり深入りする必要はありません。

そこで、重要なことは「コンテンツ&コンジット」は社会インフラ全般の仕組みにも共通する特徴だということです。

放送や通信、電気・ガス、交通、郵便・宅配便、金融などのシステムにおいては、コンテンツは異なっていますが、どれにもコンジット（パイプ、導管）があります。もっとも、郵便や宅配便にはパイプはありませんが、靴をすり減らして運ぶ「スニーカーネット」があります。交通には目に見えるコンテンツはありませんが、場所の移動そのものがコンジットだとみなすことができます。

中心になるのは生活の基本である衣食住の供給と社会的インフラに

よるサービスの提供、つまり「B2C」に関わるモノです。インターネットを通じたデータの流れは「1対多」から「1対1」「多対多」に広がってきましたが、**「G2C」に関係するいろいろな仕組みのマルチメディア化は手付かずに近く、一工夫できる余地がたくさんある**はずです。例えば、公共インフラの民間開放に合わせてこのプロセスの特定部分にICを組み込めば、周辺に新規ビジネスを発想するための参考になるのではないでしょうか。

また、肝心の実社会では、「スマート」という冠が付くモノやサービスがやたらと目につくようになりました。これには2つの使われ方があります。

1つは遠隔地から計器を自動的に読み取り、必要な手を打つシステムで、スマートグリッド（賢い送電網）やスマートシティ、スマートハウス、スマート農業などと使われています。

もう1つはアプリやサービスを生み出すスマートフォンや腕時計型や眼鏡型のように身に付けるウエアラブル端末、家電製品や各種電子機器のように、ヒト、モノ、情報のインターネットを介したスマート化を意味して、社会の隅々まで広がり、住民の身辺に限りなく近づける環境が整ってきました（スマートという意味に関しては第2章に記載したコーヒーブレーク「スマート化」を参照してください）。

さまざまな「もの（考え方）」や「モノ（人工物）」が発する膨大な量の「ビッグデータ」が重視され、センサー技術の発達で種々の事業分野で活用している記事が毎日のように新聞紙上を賑わしています。しかし、特に自治体クラウドのオープンデータは加工しやすい形式で公開され、住民が利用している事例もあり、今後、活発に活用されるとともに、そこに新しいビジネスの種が眠っているかもしれません。

コーヒーブレーク

かつての流行り言葉「ネオダマ（新弾丸）」

１９９０年代に情報通信の業界で「ネオダマ」という言葉が流行りました。もともとは情報通信の技術革新を意味した言葉だったのですが、当時から社会一般の構造改革にも使えるという指摘がありました。今、また新たなＩＣＴ革命が起こっています。本書では、この時機に合わせて、ＩＣＴ革命と世界市場の地殻変動、それに地方制度自治改革における新しい可能性について、「ネオダマ」という座標軸を使って考えてみます。

ちなみに、１９９０年代に流行った「ネオダマ」の「ネ」はネットワーキングで通信回線を使ったネットワーク社会の到来。「オ」はオープン化で米ＩＢＭ主導の技術環境からの開放。「ダ」はダウンサイジングで汎用大型マシンにかわるパソコンの需要急増。「マ」はマルチメデイアでした。

かつての「ネオダマ」は、１台のマシンですべての事務を処理する方式にかわり、パソコン中心に多様な周辺機器が出現し、映像や音楽のデジタル化が急速に発達したことです。

マルチメディアで紡ぐ新しい仕組み

技術が急激な勢いで発達して、そのつど新しい聞き慣れないカタカナ語が流れてきます。それが頭を混乱させる一因になっている方々が多くみられます。しかし、注意しなければならないのは、本当に必要な情報はほんのわずかしかないということです。

コンピュータ関連技術の急速な進歩に目を奪われることなく、基本機能である「入出力－伝送－蓄積－演算」を考察した新しいモデルをどう活用するかが大事なのです。多くは特定領域の機能や品質の向上に関する情報で、いわば漸進的（インクリメンタル）な研究開発の発表や基本機能の革新的（ラディカル）な発達は、ほとんどありません。**問題は、すでに開発された基本機能を課題解決にどう組み入れるか**にあります。

最新技術を使うかどうかは、後で専門家に任せればよいのです。それに、日本ではＩＣＴの知識を持った高齢者が少しずつ増えています。そういう身近にいる人財を活用することも大切です。

センサー技術もマルチメディアの最も基本的な機能です。普通とは違った観点から少し説明します。それは、仏教用語で「六根」と呼ばれる視覚、聴覚、嗅覚、味覚、触覚、知覚という人間の感覚器官のすべてをコンピューターに持たせようという技術です。

現在は視覚と聴覚が中心ですが、ＡＩの深層学習は知覚に結びつき、振動や点字の読み書きは触覚の一環です。ほかに食に絡んで「うまみ」「香り・匂い」の研究も進んでいます。著者は特殊な例として速記術と記号論理とを組み合わせて「法令用語」の自動生成を試みている弁護士の話を聞いたことがあります。

六根を通じて取り入れた生のデータを解析することによって、従来は考えられなかった知見の領域に踏み込むことができます。複数のセンサーデータから状況を総合的に把握してコンテキストを提示するアナリストへの期待が高まっています。また、センサー・フュージョンという技術も生まれています。

蛇足にすぎませんが、富士登山で唱えられる「六根清浄」は目、耳、鼻、舌、身、意という六根から起こる煩悩を断ち切って清らかになることを意味します。

コーヒーブレーク

「六根」と「6CON」の話

「六根」はもともと仏教用語で、六識を生じる6つの器官である眼、耳、鼻、舌、身、意の総称です。光や音、機械的な刺激などを受ける五感（視覚・聴覚・嗅覚・味覚・触覚）は、ICTではセンサーが圧力、温度、音響、光などを物理的に検出、計測して、デジタル信号に変換します。要するに人間の五感と知覚の六根の役割を電子的に処理するのがセンサーということになります。

一方「6CON」はIoTにおける情報の流れとそれぞれのプロセスの機能を示す6つの英単語を示しています。それら用語の初めの3字がたまたま共通して〝CON〟になっていたことから〝6CON〟と総称しました。データの収集は接触（CONtact）、それをそのまま積み込むコンテナ（CONtainer）、それを通す導管（CONduit）からなるネットワークによって伝送され、情報の中身（CONtents）として蓄積され、解析されて意味のある情報（CONtext）になって返送され、現場で制御（CONtrol）などの機能を果たします。

コンテンツは生のデータであるのに対して、コンテキストは新しく使われるようになった用語で「文脈」や「前後の事情、背景」と訳されています。しかし、綿や繭から繊維を引き出してよりをかけて糸にした「紡いだ糸」のイメージで、解析から導き出される有意な情報ということになります。

英語の〝Context〟も元のラテン語では「共に織りなす、組み合わせる」の意からきています。「コンテキスト」を正確に表現すれば「紡ぎ出された有意な情報」ということになります。

「地方創生」の要は「BCGトライアングル」の活性化

第2次安部内閣は、デフレ・スパイラル懸念から脱却することが最大の目標で、その政策を「アベノミクス」と名付けています。具体的には「3本の矢」として「①異次元の金融緩和策」、「②機動的な財政出動」、「③民間投資を呼び起こす成長戦略」を掲げました。

第1の矢は2013年4月に実施されましたが、経済環境の激変や消費税増税もあって思い通りには進んでいません。第2の矢では消費税を8%へ引き上げましたが、年金や医療、介護などの社会保障制度はほとんど手付かずのままです。第3の矢では規制緩和が中心になっています。医療や介護など福祉制度の再編、電力とガス改革、それに自然エネルギーによる電力開発の促進、農業と農協改革などで、「戦後レジーム」で残っていた3分野の脱却が主眼となり、空港など公共施設の民間開放なども加わっています。

一方では「地方創生」を目標に「まち・ひと・しごと創生本部」が設けられ、地域の経済や社会の活性化は「ローカル・アベノミクス」と呼ばれています。

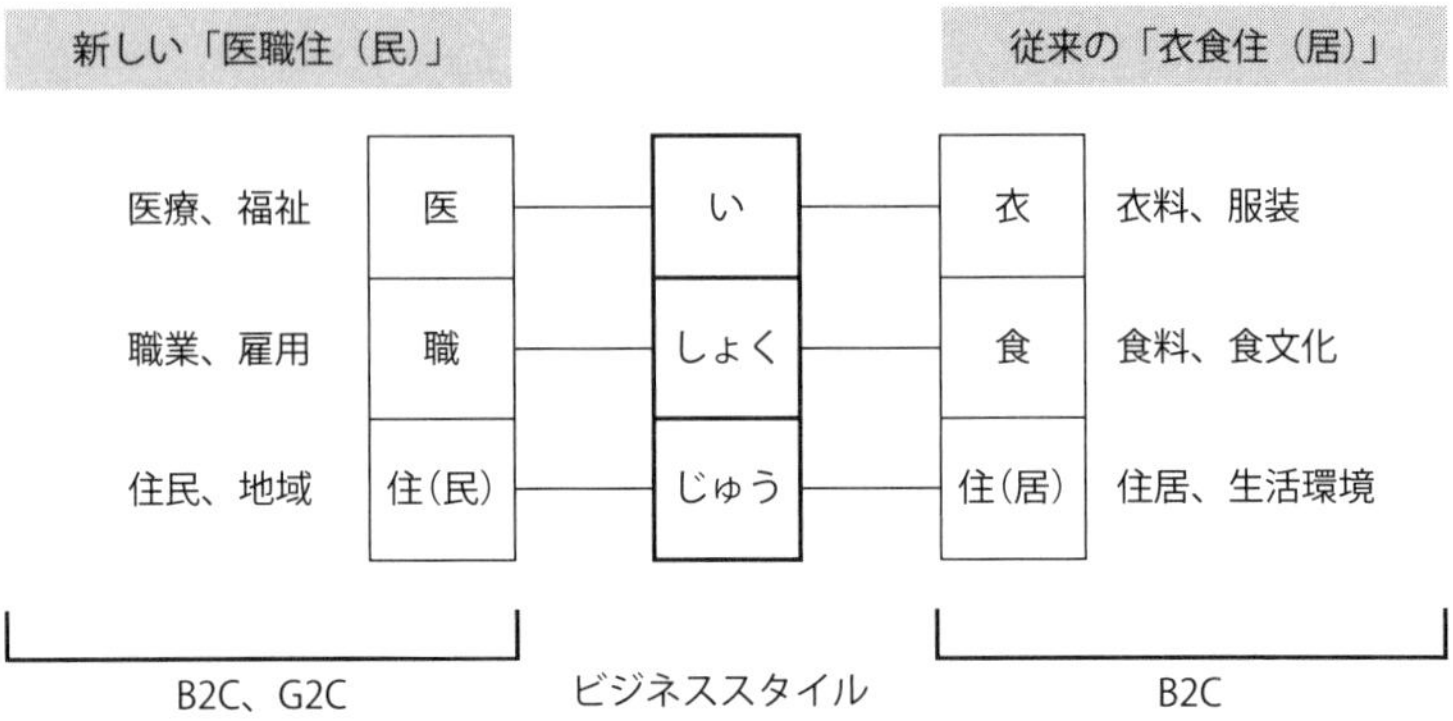

図3-7　生活の基礎「衣食住（居）＋医職住（民）」

ここでＢＣＧトライアングルをもう一度見直してみると、社会活動の相互関係には企業対消費者の「Ｂ２Ｃ」だけでなく、政府や自治体対住民や地域社会の「Ｇ２Ｃ」もあります。しかも「Ｂ２Ｃ」が衣食住という「モノとカネ」のやり取りという実態があるのに対して、「Ｇ２Ｃ」は目に見えない社会的な制度や仕組みが中心の「カネとサービス」のやり取りという違った側面が見られます。

そして「公共サービス」の提供は自治体だけでは手が回らなくなり、運営の効率化という視点からも「官民パートナーシップ※5（ＰＰＰ）」という「Ｂ２Ｃ２Ｇ」の連携や協同の仕組みが加わって、民間企業にビジネスチャンスが拡大しています。

ＰＰＰの動きは地方自治体にも及び、公共サービスの民間委託や、公共サービスに民間の資金や経営ノウハウを導入する自治体の指定管理者制度に広がっています。

最近では市民やＮＰＯ法人との協力や連携が強調されています。

「衣食住」はいうまでもなく、人が生きて生活していくための基盤です。社会がどう変わろうと技術がどう発展しようと、生きて身体を動かすために食事したり、生活環境の変化や寒暖に対応して衣服を身にまとったり、住まいを整えたりする機能を果たしています（図３－７参照）。

女性、高齢者を活用し、雇用を創り出す ―雇用改革の軸

「職」は生計をたてるための仕事や職能のことですが、身に付けた技能にまつわる体力や知力を使う労働や雇用、働く場も含めることができます。地域創生で求められているのは、それぞれの地域に「恒常的な雇用の場」を創り出すことです。

わが国の労働市場は、戦後世界に類をみない３つの固有な労働慣行が支配してきました。企業が一度雇った従業員は定年まで長期に安定雇用する「終身雇用制度」、年齢や勤続年数に応じて地位や責任、報酬に差を設ける「年功序列制度」、企業単位にその組織の中の従業員だけで構成する「企業別労働組合」です。欧米の労働組合は企業や事業所に関係なく、同一職種や職能の労働者が市場横断的に組織するのが普通です。

１９８６年に労働者派遣事業が公認されると、企業は賃金コストの高い基幹従業員をスリム化

して、調整が容易にできるパートタイム労働者や派遣労働者を増やすようになりました。つまり、大企業は正規社員の採用を手控えて、非正規社員を増やして経営の柔軟性を確保する方向に向かったのです。

しかも、バブル経済の崩壊とともに労働市場の需給関係は一気に逆転し、企業の買い手市場に変わります。製造業の生産工場の海外流出も続いて、正規社員の数をますます絞り込むようになりました。

現在、人口減少に伴い失業率が低下している一方、所得格差は拡大しています。しかしそれは結果であって、問題は非正規社員の不安定な身分と所得の低さにあります。以前、「日雇い」と呼ばれた労働者層が「派遣労働者」に呼び名を変えて、その層が就業人口の半数を占めるまでに増大し、労働市場にひずみを発生させています。

非正規社員はわが国固有の労働慣行とは無縁の存在です。正社員と非正規社員の生涯所得額の差は1億円に達するとの試算もあります。低所得にあえぐ非正規社員が社会の半分を占めている状況では、決して健全な社会ということはできません。

低所得世帯の増加と長時間労働の広がりは、次世代を担う子どもたちの低学歴や低学力につながるという指摘もあります。低所得では、結婚したくてもそれが障壁となり結婚できず、人口減少の一因にもなっています。このような状態が続けば、あらゆる産業において後継者不在のまま少子高齢化が続き、特に農業分野においては荒廃した農地や耕作放棄地がますます増えるばかりです。

社会の構造改革は新規ビジネスの宝庫―課題を見つけ出す

地域社会の動きを知るためには、具体的にどんなやり方があるのでしょうか。それを知るためのヒントとしていくつか特徴的な実態や動きを示す座標軸について述べたいと思います。

まずは、地域社会がどのように動いているかを知るためには、自分なりに大きな体系を想定し、動きを見極めるための座標軸を持つことです。

座標軸とは、もともと幾何学の用語で、ばらばらにある点や線などの位置を定める基準にする直線のことです。同じように混沌とした社会事象のなかに独自に基準となる規則性を見出して、それを整理し、新たなシステムの構築につなげようというのです。

その反対もあります。規則的に整っていると見えるなかに、不規則なものが見つかるかもしれません。

それにはまず、地域生活者を起点にして、行政が進めている構造改革の中身を分析し、地域社会と人々の動きを的確に捉えて、新しい枠組みと地域活動の仕組みを構想することです。そのうえで、必要な技術、それも実際に使えるものを見つけ出して具現化するという手順になります。

民間開放も実現して年数が経つと、そこに新しい勢力図ができあがってしまいますが、成長戦略はこれからです。農業や医療、エネルギーなどの改革にはビジネスの種が溢れているに違いありません。

社会的仕組みの改革や改善に一番大切なのは、そこに隠れている課題を見つけ出すことです。「リアル（現実）に存在しないものはバーチャル（仮想）に実現できない」という人もいます。**課題を具体的によく知っているのは、その土地で生活している住民**です。まずその課題を抽出することから始めて、その解の枠組みを構想し、そこに必要な技術的な機能を見定め、先端技術商品を探し、それを当てはめることから、新しい展開が見えてくるはずです。その場合、全身像を描くには、自治体などの主導力が必要で、ブロックの中身を考えるのは地域住民の総合力かもしれません。

第4章

農業、医療・健康・介護分野における新しいビジネスの創造

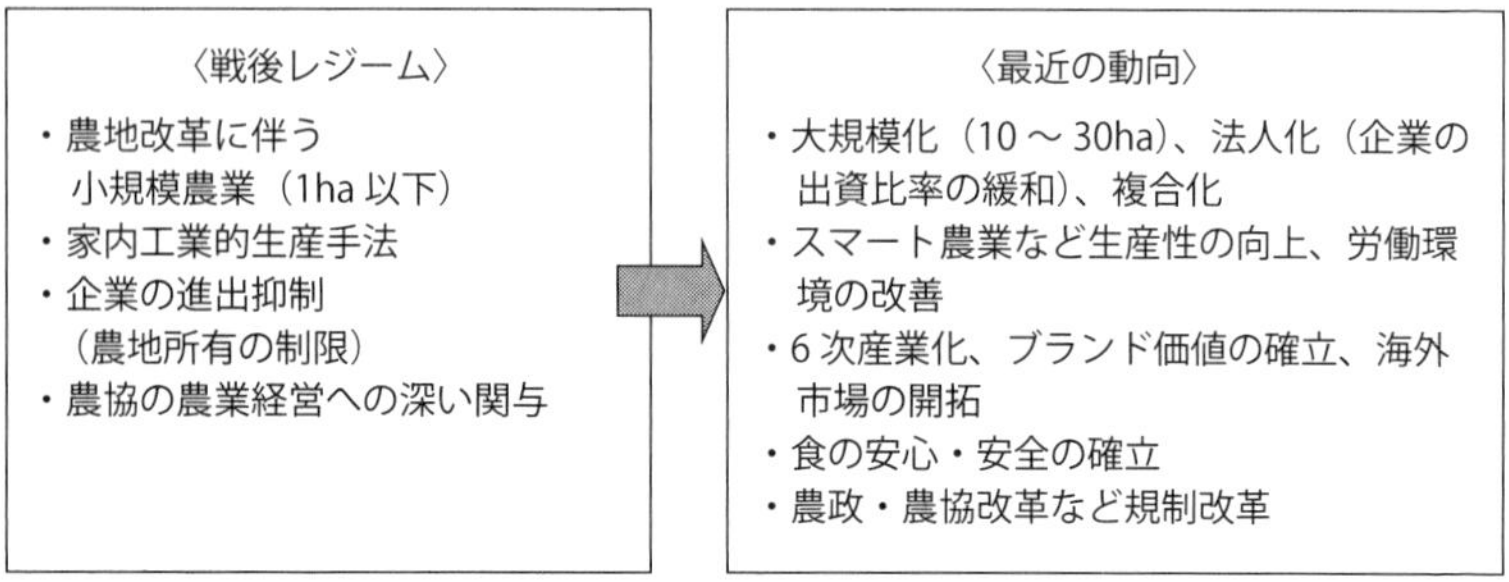
〈戦後レジーム〉
・農地改革に伴う
小規模農業（1ha 以下）
・家内工業的生産手法
・企業の進出抑制
（農地所有の制限）
・農協の農業経営への深い関与
〈最近の動向〉
・大規模化（10 ～ 30ha）、法人化（企業の出資比率の緩和）、複合化
・スマート農業など生産性の向上、労働環境の改善
・6 次産業化、ブランド価値の確立、海外市場の開拓
・食の安心・安全の確立
・農政・農協改革など規制改革

図4-1　農業の戦後レジームと最近の動向

戦後の農地改革により、多くの小規模農家（耕作面積平均1ha以下）が誕生しましたが、その経営は家族による家内工業で、作物も米作単独が主でした。その後も、政府の稲作を中心とする手厚い保護政策や農業協同組合の経営への深い関与などで、農業は戦後に誕生した際の体制（**図4−1**）をほぼ持続したままになっています。

2000年以降になると、農業従事者数の減少、高齢化や後継者不在などから、耕作放棄地が急増しています。ようやく最近では、戦後体制の脱却に向けて、農地の集約化、企業の参入規制の緩和、農協改革など、各種規制緩和が進展し始めています。

こうしたなか、農業分野においても**図4−2**に示すとおり、IoTやロボット、人工知能（AI）などを活用したスマート農業、遺伝子組み換え技術、6次産業化など新たな技術や仕組みを活用したビジネスが生まれてきており、本章ではそれらの先進的取り組みを取り上げます。

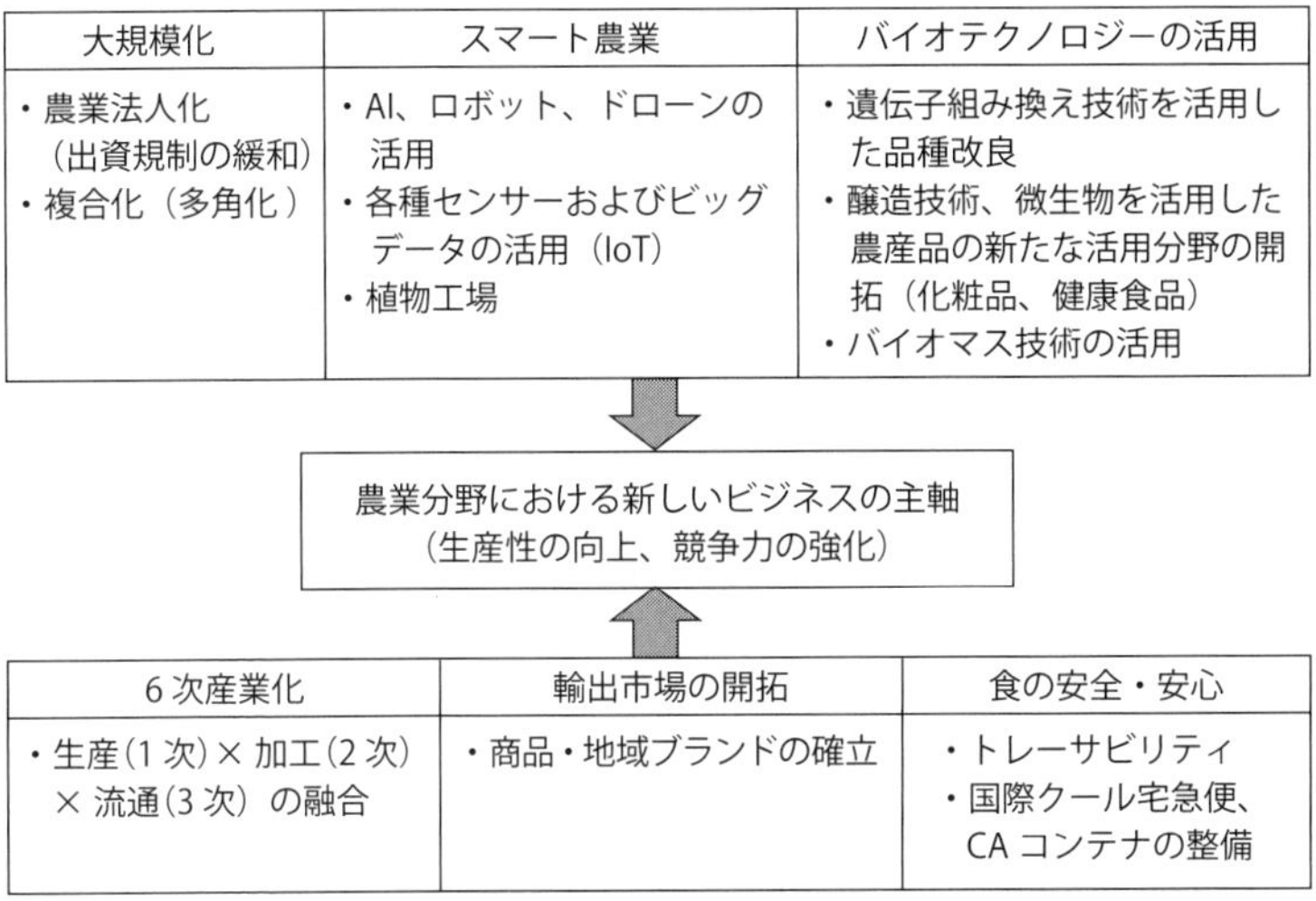
大規模化
・農業法人化（出資規制の緩和）
・複合化（多角化）
スマート農業
・AI、ロボット、ドローンの活用
・各種センサーおよびビッグデータの活用（IoT）
・植物工場
バイオテクノロジーの活用
・遺伝子組み換え技術を活用した品種改良
・醸造技術、微生物を活用した農産品の新たな活用分野の開拓（化粧品、健康食品）
・バイオマス技術の活用
農業分野における新しいビジネスの主軸
（生産性の向上、競争力の強化）
6次産業化
・生産（1次）×加工（2次）×流通（3次）の融合
輸出市場の開拓
・商品・地域ブランドの確立
食の安全・安心
・トレーサビリティ
・国際クール宅急便、CAコンテナの整備

図4-2　農業分野における新しいビジネスの視点

大規模化・農業の法人化、多角化の推進

農業の大規模化については、政府も耕作放棄地などの農地を集約し、大規模な意欲のある専業農家に集約していく方針を打ち出しています。米作で見た生産性においても、大規模化により大幅な向上が期待でき、農地の所有権などの課題もありますが着実に進める必要があります。また、大規模化により多種の作物栽培をしながら連作障害などを防止し、多様な事業の展開も可能になります。

一方、農業の法人化については、企業の出資比率が緩和されることから多くの企業が新規参入し、農業法人は2015年に1万

７０００社に増加し、売り上げにおいても1億円を超える法人が増加しています。また、メガバンクなども農業法人や地方銀行などと新会社を設立し進出しており、将来的には５万社規模になるとの予測があります。

この法人化により、従来の農協・卸売市場を通じた流通ルートに加えて、直売などの販売ルートの開拓や海外市場への進出なども可能になり、農業機械や肥料・農薬など資材コストの低減なども期待できます。また、若者や女性の就農を促すために労働環境や作業負荷を改善し、２０１５年に22万人ともいわれている「農業社員」をさらに増やすことにもつながります。

このような規模の拡大に伴い、生産方式も従来の単なる機械化から、ＩＣＴを活用したより生産性の高いものへ転換するとともに、企業化による新たな研究開発の推進や米作中心から連携した複数事業を展開するなど、農業スタイルを革新することも必要となってきています。

また、農業の多角化については、農業の大きな課題として自然災害に左右され収入が安定しないことがありますが、消費者と直接つながった農業形態や天候に左右されない形態などの取り組みも始まっています。

例えば、「遠隔農業サービス」では、消費者が自宅のパソコンから農家に作物の栽培を依頼し、栽培状況を見ながら収穫したものを受け取ることができます。消費者は新鮮な野菜を、生産者は区画ごとの栽培料金を前払いで受け取ることができるため、安定した収益が見込めます。

また、「アクアポニックス」と呼ばれる、野菜の水耕栽培と魚の養殖事業を組み合わせた新たなスタイルの事業なども生まれています。

IoT活用によるスマート農業の推進

ICT技術の進展に伴い、農業分野においてもこれを利用したさまざまな新しい試みが始まっており、これらを総称して「スマート農業」と呼んでいます。その代表的なものは、AIやロボット、ドローン、IoTなどを活用し生産性を向上する、労働環境や作業負荷を改善しようとするものです。このICT技術を活用した事例を3つ挙げてみます。

1つ目は、農業機械の自動運転でGPSにより車体の位置を計測し、あらかじめ登録した農地の形状や広さをもとにハンドルや耕作装置を自動制御し、施耕、肥料・農薬の散布などの作業を効率化することをねらいとしています。また、農業に従事する女性の拡大を踏まえて、女性の視点から操作しやすいトラクターなども生まれています。

2つ目は、ドローン・無人ヘリ・衛星を活用した農薬の散布や、搭載した赤外線カメラなどで撮影した画像を分析し、作物の生育状況や最適な収穫時期を探るなどの活用です。特にドローンに関しては低価格で小回りが利くことから、さまざまなセンサーを搭載した土壌測定や病害虫の測定など新たな活用が生まれています。

3つ目は各種の作業を自動化する、または支援するためのさまざまなロボットです。例えば、夜間にイチゴを自動収穫するロボットや、魚の養殖場における自動給餌ロボットなど作業負荷を軽減するとともに、作業を24時間化することで、生産性を向上させる製品が開発されています。また、重量物の運搬など、肉体労働の農作業を軽減する装着型の「ロボットスーツ」などの支援装置や、畜舎清掃の作業負荷を軽減する掃除ロボットなども開発されており、今後ますますこの分野での新しいビジネスが生まれてくると思われます。

IoTを活用した農業分野の新しいビジネス

農業においても各種データを収集し、ビッグデータとして蓄積、そのデータを分析することにより、生育状況の把握、施肥や農薬の散布時期・量をコントロールする最適な収穫時期を予測するなどのＩｏＴの活用が進展しています。現在、このような環境はＩＴベンダなどがクラウドでサービスしており、農業従事者としては大きな投資をしなくてもこれら蓄積されたビッグデータ（栽培ノウハウを含む）を広く活用できる環境が整いつつあります。これにより新規参入者に熟練農家のノウハウを提供する、個人経営の生産者に企業経営の手法を導入するなどの効果が期待

表4-1 農水産業におけるIoTの活用例

項　目	主な事例
野菜・水田の栽培管理	・ビニールハウスできゅうりやトマトの栽培向けにセンサーで日照時間や土中の水分、肥料の濃度などを測定、その蓄積した結果を解析し算出した作物の光合成量に基づき、作物に水や肥料を与える量を自動調整する。 ・超音波センサーなどで水田の水位、温度や湿度などを計測し、測定データをスマホやタブレット端末から確認するとともに、最適な水位や水温から外れると警告をするシステム
工場的作業管理	・稲作作業を苗の育成から田起こし、代掻き、田植え、農薬散布、除草、刈り取りなど工程やリードタイムを設定し、工場的作業管理をクラウド上でサービスし、作業効率を向上する。得られるデータは会員間で共有し活用する
畜産業	・個々の牛につけた温度センサーの情報を収集し、体温の変化で分娩や病気の兆しを察知するシステム
漁業	・漁業では水中の画像や水温、潮流などを分析し捕れる魚の種類や量を予測。捕れそうな魚の種類や量をネット上に公開し消費者や飲食店から予約注文を受けるシステム

されています。

代表的な事例として表４－１のようなものがあり、野菜の温室栽培、水田の生育管理、畜産業における飼育管理、漁業における捕れる魚の予測など幅広くＩｏＴ適用が始まっています。

植物工場と呼ばれる新しいビジネスの登場

遊休となった工場設備やトンネル内など、未活用の場所を利用し、照明や土壌、水、肥料、温湿度などを自動的にコントロールし、野菜や花などを栽培する設備やＬＥＤ照明を活用した無農薬の水耕栽培の施設など、「植物工場」と呼ばれる施設が稼働しています。

現状では栽培コストが高いですが、天候などに左右されず年に複数回、安定的に収穫が可能で、かつ工場的な栽培管理方法を導入することにより労働環境も改善される長所があります。

今後、採算性を向上するなど課題もありますが、食の安全性の意識が高い国（シンガポール）や日照不足が懸念される国（北欧）などにおいて普及し始めており、海外展開の可能性も開けてきています。

バイオテクノロジーの技術を活用したビジネス

遺伝子組み換え技術やゲノム編集[※1]などを活用した品種改良（多収穫米、病害虫に強い品種、味覚の改良、栽培しやすい品種などの改良）がさまざまな作物で推進されています。これにより顧客嗜好にあった商品が誕生しており、これからの農業は種子ビジネスが握るともいわれています。

また、醸造技術、微生物などを活用した農産品の新たな活用分野の開拓が試みられており、例えば化粧品、医薬品、健康食品などへの用途を開拓することにより、より安定した需要を生み出すことができます。特に女性就農者の目線からの商品開発の事例が数多く生まれています。

さらに、バイオマス技術[※2]を活用し、菜の花やトウモロコシなどからタイヤの原材料を生みだす（住友ゴム工業）など、植物から異分野の工業製品を生み出す試みなどもあります。

6次産業化による新しいビジネスの推進

生産（1次）から加工（2次）、流通（3次）までを融合して、市場の開拓、供給の安定を実現しようとする、いわゆる6次産業という新しいビジネスが生まれてきています。

これは、1次×2次×3次の掛け算から、「6次産業化」といった呼び方をしています。最近では、生産から加工、販売までを手掛ける法人の設立、生産者と小売業者間の委託生産、生産者と消費者間のインターネットを活用した直接取引など、さまざまな形態で生産者と加工業者、小売業者間の連携構築が始まっています。

現状の農林水産物・食品の流通構造は**図4－3**に示すとおり、農林水産省食料産業局「生産者に有利な流通・加工構造の確立に向けて」（平成28年9月）によると、5割以上の青果、水産は卸売市場を通した取引であり、市場外流通、特に直接販売のウェイトはまだ小さいです。今後、増加が想定されているインターネットを利用した直接販売や、大規模消費地でのアンテナショップ、道の駅、サービスエリア、駅中などでの直接販売は生産者利益の拡大をもたらしています。

このビジネスは、従来の流通構造を大きく転換するもので、消費者のニーズをいかに把握できるかがカギになります。そのため、生産者－加工者－販売者間で蓄積したデータを相互に共有

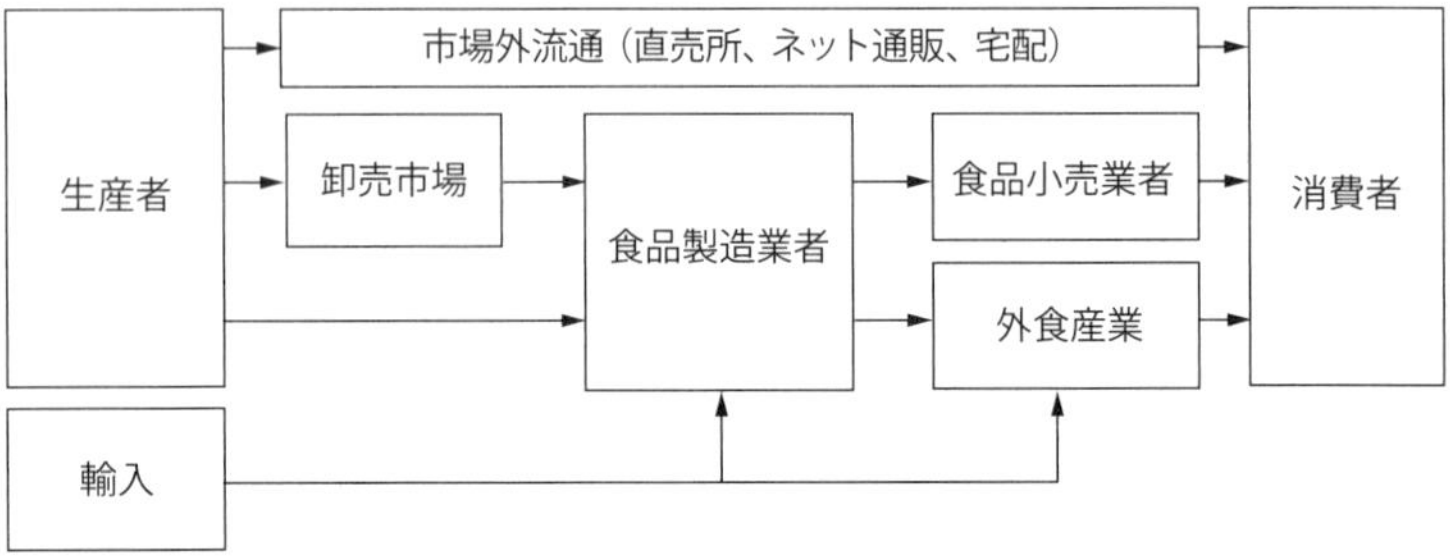

出典：農林水産省食料産業局「生産者に有利な流通・加工構造の確立に向けて」（平成 28 年 9 月）

図4-3　＜農林水産物・食品の流通構造＞

し、活用する仕組みが不可欠で、特に生産者や加工者の視点からではなく、消費者の視点からこの仕組みを構築することが重要になっています。まさにＩｏＴの技術の活用による新しいビジネスの創造というべきでしょう。

食の安全・安心の追求に新しいビジネスの種が眠っている

これからの農業を含めた食品業界において、「安全・安心」の確保は残留農薬や食品偽装などの問題もあり、欠かすことのできない要件です。日本市場においては、食に関して「消費期限」や「賞味期限」、取引慣習など、やや過剰ともいわれる規制が設けられ、大量の廃棄食品を生みだしている課題もあります。しかし、トレーサビリティや検査機器・体制・システムなど、食品の安全性を確保するための基盤整備は欠かせない要件で、これにより世界市場に向けて日本食材の安全性をアピールすることができます。

また、食品の鮮度を保つための国際物流網の構築なども欠かせない要件で、「生産者→消費者」を実現する国際クール宅急便や、より低コストで野菜の鮮度を保ちつつ船便で輸送するため、空気の濃度を調整したコンテナで野菜を冬眠させた状態で輸送するＣＡコンテナ方式などの活用・整備も不可欠です。

これまで取り上げてきた視軸から、農業の新しいビジネスを創造していくことにより、生産性の高い、国際競争力のある農林水産業が実現し、就農者の増加にもつながると考えています。

医療・健康・介護分野における課題

次に　医療・健康・介護分野について述べたいと思います。

１９６１年、公的医療保険制度に加入する「国民皆保険」が実現し、高度成長期までは拡大・維持・運営されてきた医療制度も、急速に進展する少子高齢化、人口減少時代に突入し、多くの課題に直面しています。その最大のものが急激に増え続ける医療費や介護費の負担です。そのため、保険制度に関して、さまざまな制度や仕組みの見直しが継続的に進められており、その主要なテーマは「不要な保険給付の削減」、「自己負担の適正化」、「デジタル技術によるイノベーショ

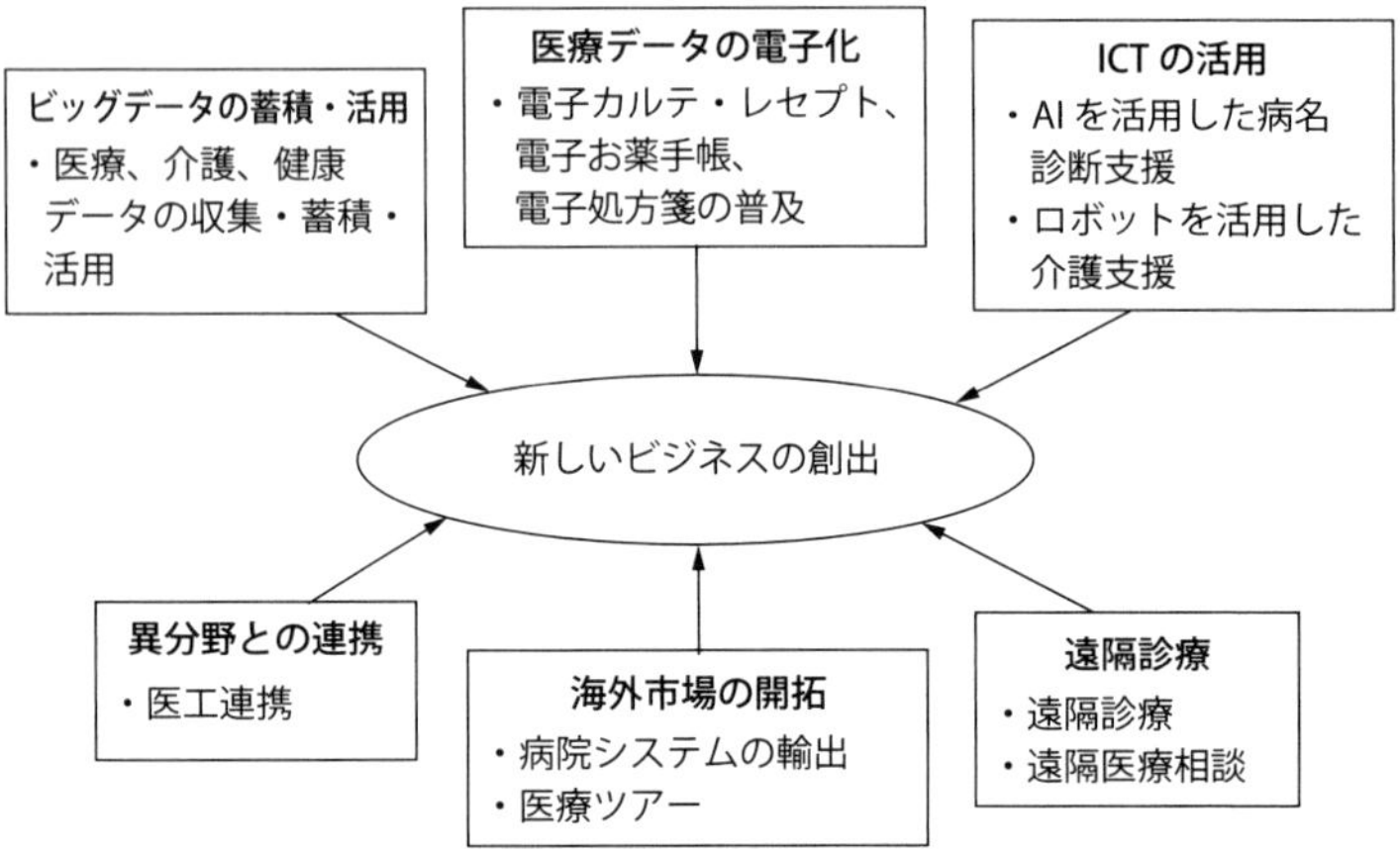

図4-4　医療・介護・健康分野における新しいビジネスの視点

ン」と指摘されています。

一方、これまで実施されてきた制度においては「電子カルテシステム」や「お薬手帳」など、必ずしも充分に浸透しなかったものもあります。昨今のようにＩＣＴ技術やＡＩ、ロボット技術などが急速に進展をしているなかで、もう一度新たな視点からデータの共有やその活用を進めていくことが、現在の課題解決につながるものと考えています。

また、わが国において、世界に先駆けて進行している高齢化社会のさまざまな課題に対応することで、世界に向けた日本産業の新たなビジネスを開拓することにもつながると考えています。新しいビジネスについて、全体的な視点は**図４−４**に示すとおりですが、テーマごとに支える技術と合わせて見ていくことにします。

医療・介護・健康データの収集とIoTの多面的活用（第1の視点）

次に、医療・介護について新しいビジネスの創造のための4つの視点について考えて見たいと思います。

第1の視点は、**医療関連のビッグデータの蓄積と多面的な活用**です。これまでは医療や健康、介護に関する各種診療データや検査データを電子化し、収集・蓄積・活用する取り組みは各医療機関が独自に進めてきており、それらを統一的に進める仕組みは構築されていません。

また、蓄積された医療データはプライバシーの問題があり、幅広く活用する上で大きな阻害要因があったことも確かです。これからは各医療機関の壁を越えて、広く医療データを収集・蓄積し、ビッグデータとして活用していくことにより、新たな治療法の開発や製薬会社における新薬の開発などにつなげることができます。また、ＡＩ技術を利用した診断支援システムの精度などを飛躍的に高める効果も期待できます。

このような取り組みは現在、政府のＩＴを活用した第4次産業革命に対応する成長戦略のなかでも検討されており、厚生労働省もビッグデータやＡＩ技術を活用する委員会を２０１７年１月に立ち上げています。そこで、現在進行中の計画を含めて3つの事例を取り上げてみます。

◆医療現場におけるビッグデータ活用事例

1つ目は国立病院機構で、全国で運営している143の病院の電子カルテシステムから診療情報を一元的に収集する基盤を構築しています。これにより適切な医療の提供や病院の経営効率の改善がねらいです。ひいては、医療費の削減や新たなビジネスを生む基盤にもなると期待されています。また、大学と製薬会社が連携し、大学付属病院の患者情報（電子カルテなど）を匿名化して集約することで投薬と病状の変化などを容易に検証できるようにするとともに、製薬会社においてはこれを分析し新薬開発などを効率化することに取り組んでいます。

2つ目は地域の医師会や薬剤師会が協力し、病院や薬局、介護施設がそれぞれ管理している患者情報を収集し、各施設の端末から見ることができるようにする「地域医療連携」のシステムで一部の市町村で稼動しています。こうした連携を可能にすることにより、適切な治療の提供、過剰な投薬の防止、作業の効率化などを実現することができると注目されています。今後、重点化しようとしている在宅患者に対してもかかりつけ医や訪問看護師、ケアマネージャー、ヘルパーらがクラウド上の情報を共有し、家にいながら入院と同じレベルの見守りを実現することも検討されています。

3つ目は、同じような仕組みを、より簡便なスマートフォンの「ビジネスSNS※3」で構築し、患者に対応する医師や看護師、介護士、薬剤師などでどのような状態かという情報を共有し、作業を効率化している事例もあります。このような関与間の情報共有の仕組みが作業の効率化、医療費の低減にもつながるものと期待されています。

このような仕組みをより広範に適用するためには電子カルテやレセプトの電子化、電子お薬手帳、電子処方箋の普及が不可欠です。しかしながら、電子カルテの利用率に関しては2014年、大規模医療機関では78%、中小クリニックでは35%といわれており、多くのクリニックにおいては紙のままになっています。そこで、導入コストを低減するために、ベンチャー企業がクラウド技術を利用した「クラウド型電子カルテ」のサービスなどを始めています。

一方、政府は個人に割り当てた番号でカルテなど医療情報を電子的に管理するための医療分野における番号制度を2018年度から段階的に導入し、2020年度から本格的に運用する計画をしています。この医療番号をもとに個人の通院履歴や投薬履歴を医療機関や薬局、介護事業者などが共有することで診療を効果的にし、重複投薬を抑制することで、膨らむ医療費が削減されると期待されています。加えて蓄積された医療データを匿名化して製薬企業や大学に提供し、治療法の開発や新薬開発に活かすことも考えているようです。

国民の2人に1人が「ロコモティブシンドローム（自ら動く能力が低下し、要介護になる危険度が高くなる諸症状）」予備軍ともいわれている現在、病気の診断・治療とあわせて予防（健康管理）は大きな課題であり、さまざまな取り組みが始まっています。

その1つに、健康診断の結果や運動量など、個人の健康データを企業や病院で共有するデータベースがあります。これを活用することで、一人ひとりに適切な健康指導を提供することが可能になり、ひいては医療費の削減にもつながります。また、各自治体による健康寿命を延ばす取り組みも活発になっています。

例えば、個人の運動や食生活の改善などに応じて特典として「健康ポイント」を付与する仕組みや、神奈川県では「マイ未病カルテ※4」を発行し生活改善を促す事例などがあります。さらに、2015年12月労働安全衛生法の改正があり、年1回の「ストレスチェック」が50人以上の職場に義務化されるなど社員の健康管理への対応が求められており、新たなストレスチェック用のサービスなども生まれています。

医療・介護にAI・ロボット・ネットワークを活用する（第2の視点）

第2の視点は、AI・ロボット、ネットワーク、ウエアラブル機器などの活用です。今、ますます需要が拡大してくる医療・介護分野における人手不足への対応は急務です。医療・福祉関係の就業者は711万人ですが、その平均給与は約29万円（2015年、介護職員）と他産業賃金より低い実態にあります。特に、介護関連においては低賃金と過重な負荷が人手不足を招く大きな要因になっています。

このような雇用の改革に加えて、ICT技術、AI、ロボット技術を活用した作業改革が大きなテーマになっていますので、その先進的取り組みを参考までに4つ取り上げてみます。

◆医療分野におけるAI技術活用事例

1つ目はAI技術の活用です。蓄積された大量の医療データを分析することにより、患者の症状を入力すれば推測される病名を提示する診断ロボットがあります。また、胃カメラなどの医療画像と専門家による診断結果を大量に蓄積し、学習することで専門医師並みの医療支援システムが出現しています。

がん治療においては、日本人患者のデータを遺伝子情報も加味しAIで分析し、個々の患者ごとに副作用は少なく、効用が強い薬などを提示するシステム（ゲノム医療）なども検討されています。このように医療分野においても、さまざまな形でAIの適用が進展しています。また、健康管理分野においても、糖尿病や高血圧動脈硬化などの生活習慣病に対して、健診データをAI

で分析し発症する確率を見積り、生活改善を指導するシステムなども適用され始めています。

2つ目はロボット技術の活用で、特に作業負荷の大きい介護分野において、負荷を軽減するために、さまざまな介護用ロボットが開発されています。装着型歩行支援機器や車椅子とベッド間の患者の移動作業の軽減、癒し系の人型ロボット、生活や食事支援ロボットなどが試行、活用されています。

3つ目は、ICT技術を活用したオンライン診療です。これまで離島など限定的利用が中心の「遠隔診療」も骨太の方針2015でその推進が目標の1つになったこともあり、ベンチャー企業などが取り組みを始めています。しかしながら、現状では大手医療機関は慎重な姿勢が多く、診療内容を限定する、ないし1度医療機関を受診した2回目以降の患者に絞るなど手探りの状態にあります。

このような状況下、次のような簡便な取り組みが始まっています。

1つはインターネットのビデオチャットを利用し、医師と患者が対話しながら診療する仕組みです。クリニックとIT会社が連携し実現しており、この方式は厚生労働省も実質的に認めています。さらに緊急時に、手軽に医師のアドバイスを受けることができるスマートフォンを活用した「遠隔医療相談」も、手軽さがうけて子育て世代に活用されています。

今後、第5世代通信（5G）のような高速な回線が2020年ごろ実現すれば、高精細カメラ映像なども瞬時に送ることができるようになります。加えて、現在は実験段階ではありますが、人間の体の状態をセンシングする技術などが発展してくれば、本格的「遠隔診療・治療」も在宅医療を支える柱として急速に普及してくるものと思われます。

４つ目はウエアラブル医療機器、健康機器などを活用した健康管理（デジタルヘルスケア）です。最新のウエアラブル機器（腕時計型、Tシャツ型など）では心拍数や歩数、移動距離、消費カロリー、睡眠など多様なデータを計測することができる製品が開発されています。それらのデータをスマートフォンアプリにより収集し、個人の健康管理に役立てるシステムや、健康機器を通じて収集した運動量などのデータをもとに、アドバイスをするシステムなどが広く提供されています。

また、病気の予防や健康管理を目的に、簡易に利用できる小型のモバイル医療機器やサービスも各種開発されています。その代表的装置として、インフルエンザや老化に関係あるホルモン量などを唾液などのサンプルで調べる機器、睡眠障害などを早期発見する額に張り付けるシート型脳波測定装置、極小のセンサーを入れた薬を飲むと体内で錠剤が解けてセンサーが電波を発信し体に貼ったパッチで検知する飲み忘れ防止システム、足裏から放出する微量のガス（アセトン、エタノール、水蒸気）を計測、脂肪の分解・燃焼の程度を判定し、糖尿病など生活習慣病の早期発見および水蒸気の量から水分補給の必要性などを判定する装置などが開発されています。

また、サービスとしては採血した血液のアミノ酸濃度を分析し、がんや生活習慣病のリスクを判定するサービスや、自宅で採った血液をもとに肝機能や腎機能など14項目をチェックできるサービスなどが開発されています。

このようなデジタル技術を活用し健康を守るシステムを「デジタルヘルスケア」と呼んでいます。画像やセンサー情報など多岐にわたるデータをＡＩ技術で分析をすることにより、さまざまなサービスを提供することができ、最近の健康意識の高まりとともに大きな需要があると予測されています。

コーヒーブレーク

デジタルヘルスケア

これから迎える超高齢化社会においては、さまざま病気を早期に発見し治療する医療技術とともに、健康に活動できる年齢（健康寿命）をいかに高めていくかも大きなテーマになっています。これらに対して、センサー、ウエアラブル端末、ネットワーク、ＡＩ、ロボットなどデジタル技術を活用し対応する製品やサービスを総称して「デジタルヘルスケア」と呼んでいます。身近な健康管理の機器やサポートをするシステムを含めて大きなマーケットになることは確実です。

「ローマ人の物語」の著者塩野七生氏は、古代ローマ帝国を築くことができた要因の1つは、ローマ人が入浴好きで、体を清潔に保つことで疫病の流行を防いだことにあると指摘しています。その意味で、日本人の温泉好みは健康寿命を延ばすことに貢献しているのかもしれません。

IoT活用による異分野との連携は新しいビジネスに不可欠（第3の視点）

第3の視点は、異分野の連携です。医療機器の開発において「医工連携」は欠かせません。その代表的な事例として、西陣織の技法を利用した胸に巻き付けるだけで計測できる布状の電極、プラスチック製の特殊レンズを利用した世界一細い手術用内視鏡、ナノレベルの極薄フィルムを使用した下痢止め薬、骨折箇所に直接貼り付けるフィルム、抗がん剤をフィルムにして腫瘍に直接貼り付ける治療などが医工連携として研究・開発されています。

また、眼鏡産業として知られる福井県鯖江市では、材料として使用するチタンの加工技術を医療機器の開発に活用しています。さらに「ヒートテック」として注目された機能性素材※5から生体情報を取得する（センサーを内蔵した）新素材も開発されています。この新素材は、スポーツ衣料への活用から心拍・脈拍などを検知する医療用のセンサー機器として利用することが検討されています。

医療の国際展開は新しいビジネス創造の最大の視軸（第4の視点）

第4の視点は医療の国際展開です。まず、医療機器や医薬品の海外展開に加えて、これからは医師の指導や病院の運営手法を海外に移転する「病院輸出」（アウトバウンド）が有効な手立てとなり、政府も成長戦略の1つの柱に位置付けています。

その一環で、中国で政府や医療機器メーカーが連携し、生活習慣病（糖尿病など）の治療に主眼をおいた病院展開が計画されています。一方、インバウンドにおいては海外からの受診者を受け入れる医療ツアーリズムの強化が大きなテーマになっています。

これから迎える高齢化社会において、医療・介護・健康の高度化、効率化、省人化は避けては通れないテーマです。産・官・学が連携し取り組んでいく必要があり、カギはデータの分析と活用にあると考えています。

第5章

金融、生活・サービス分野における新しいビジネスの創造

金融分野でフィンテックが拓く新しいビジネス

◆日本におけるインターネット活用の変遷

戦後の復興期・高度成長期を通じて、第1次・第2次オンライン化、ATMなど自動機の拡大など、1980年代までわが国のコンピュータリゼーションを先導してきたのは、金融機関でした。しかしながら、1989年に発生したバブル経済の崩壊以降、抱える不良債権や1996年の「金融ビッグバン」などから、都市銀行や証券会社の大型倒産・国有化という未曾有の危機に陥り、銀行・証券・保険を含めた大再編成の時代に突入しました。

この再編に当たり、従来、個々に開発を進めてきたシステムが独善的であったこともあり、その統合に莫大なシステム投資が余儀なくされました。さらに、金融・証券・保険の垣根撤廃に伴う新たな事業拡大への対応などが重なり、1990年代半ば以降、急速に普及してきたインターネットへの対応（オープン化）においてかなり遅れをとり、都市銀行がインターネットバンキングを開始したのは1999年になってからです。

その後、インターネットを活用した「ネット専用銀行」や「ネット証券」、「ネット保険」などは着実に規模を拡大してきており、今やモバイルバンキングやネットトレーディング、e保険が主要な取引になりつつあります。

さらに、2001年に電子乗車券としてスタートした「スイカ(Suica)」が、今や電子マネーとして広く決済手段に使われています。流通業者などが運営する電子マネーも広く使われています。しかしながら、インターネットにはセキュリティーの脆弱性の問題があり、電子マネーには安全性の危惧があったことも事実で、いかに対応するかが問われてきました。

2008年に起きたリーマンショック以降、デジタル世代向けにICT技術を駆使し、革新的でより安全性の高い金融サービスを立ち上げようという機運が高まり、アメリカや中国では新たな簡易性の高い決済手段として「仮想通貨」や、独自の決済サービス(アップルペイ、アンドロイドペイ、アリペイなど)が登場してきています。アリババグループの展開する「アリペイ」はモノの購入から公共料金の支払いまで可能ですし、加えて通販の利用状況を蓄積したビッグデータを活用して、小口の融資なども展開しています。

◆新しい金融サービス「フィンテック」とは

このような変革の中核を担っているのが、「フィンテック(FinTech)」と呼ばれている新しい技術です。フィンテックとは、「Finance」と「Technology」を組み合わせた造語で、スマートフォンやビッグデータ、人工知能（ＡＩ）などを駆使した新しい金融サービスです。

従来の業界の枠組みを越えたＩＴ企業やベンチャー企業も参入し、大きな変化を生む可能性を秘めています。このフィンテックに関して世界最大のインターネット利用者を抱える中国や、リーマンショック以降大規模な投資をしてきたアメリカに比べて、日本はかなり遅れをとっていました。

しかし、２０１６年5月に銀行法が改正され、ＩＴ関連会社への出資や持ち株会社傘下にＩＴ子会社を持つことが可能になり、かつ多くのベンチャー企業の参入などもあり、その取り組みが加速してきています。

フィンテックは変革のスピードが速く、アメリカや中国では、収集したビッグデータの分析を通じて、従来の銀行が対象としてこなかった低所得者や中小企業への融資を開拓するなど、金融機関に大きな影響を及ぼすことは必至です。一方で、日本には「貸金業法」や「資金決済法」、「プリペイドカード法」など種々の法規制があり、新たなビジネスモデルの制約になっています。これらの規制緩和も大きな課題になっています。

フィンテックの中核技術「ブロックチェーン」が銀行を不要にするか

フィンテックのなかでも、次世代技術といわれているのが「ブロックチェーン」です。

２０１６年2月に、リナックスファウンデーション（Linux Foundation）が設立した国際共同開発プロジェクトがフレームをとりまとめています。わが国では業界団体として２０１６年4月に「ブロックチェーン推進協会（ＢＣＣＣ）」と「日本ブロックチェーン協会（ＪＢＡ）」が、設立され、ブロックチェーンの実証実験や開発情報の共有、技術関連の支援、利用規制への対応や政策提言などの普及促進を進めています。

ブロックチェーンは、もとは仮想通貨（ビットコイン）の技術的基盤として実用化されました（仮想通貨については後述します）。その特徴は、情報を集中管理する大型コンピュータを持たず、新たなデータが追加されれば、ネットワークの参加者がデータの確かさを検証（共通の合意アルゴリズムを持つ）し合うため、低コストで、かつ公開鍵暗号[※1]を用いた暗号化やハッシュ関数[※2]などの改ざん防止機能を持ち、安全性の高いことです。さらに、複数の端末同士が自律的に通信するＰ２Ｐ[※3]（Peer to Peer）ネットワーク上に構築するため、システムの安定性（システ

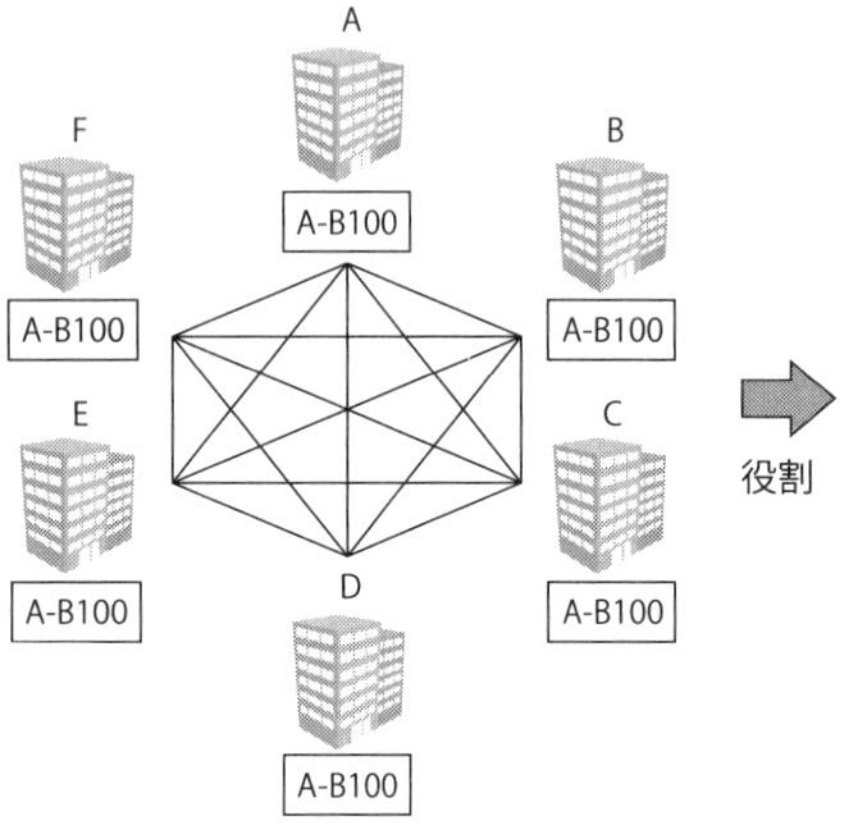

- ネットワークの参加者（A-F）は同一のブロックチェーンソフトウエアを使用し、同一のブロックチェーンデータ（A-B100）を保有
- トランザクションは暗号化しハッシュ値など改ざん防止機能を持つブロックのつながり（チェーン）としてP2Pネットワークを利用しやり取りする
- 全体を管理する機能を持たず、参加者が相互に確かさを検証する
- ハッシュ値とはデータの改ざんを防止するためデータからハッシュ関数を利用し算出した値

図5-1　ブロックチェーンの概念図と機能

ムダウンがない）も高いです（**図5―1「ブロックチェーンの概念図と機能」**参照）。

　現在では、仮想通貨の金額を、株や権利に置き換えることにより、インターネット上で価値・権利の移転を可能にする技術として、金融システムや企業内の取引記録で活用されています。さまざまな社会システムで横断的に活用できる安全性と、コスト効率の高いものとの認識が広まってきており、インターネットに続く革命だといわれています。

　また、経済産業省が「ブロックチェーン技術を利用したサービスに関する国内外動向調査」において、有望な分野として取り上げているのは**表5－1**に示すものです。現在、契約や知的財産・株式といった資産価値の交換・移転、ＩｏＴを利用した機械の保守などへの適用を目指して、さまざ

表5-1 ブロックチェーンの５つのユースケース

ねらい	対象	内容
価値の流通・ポイント化、プラットフォームのインフラ化	地域通貨 電子クーポン ポイントサービス	自治体などが発行する地域通貨をブロックチェーン上で流通・管理
権利証明行為の非中央集権化の実現	土地登記 電子カルテ 各種登録（出生、婚姻、転居）	土地の物理的現況や権利関係の情報をブロックチェーン上で登録・公示・管理
遊休資産ゼロ、高効率シェアリングの実現	デジタルコンテンツ チケットサービス C2C オークション	資産などの利用権移転情報、提供者・利用者の評価情報をブロックチェーン上に記録
オープン・高効率・高信頼なサプライチェーンの実現	小売り 貴金属管理 美術品などの真贋認証	製品の原材料からの製造過程、流通・販売までをブロックチェーン上で追跡
プロセス・取引の全自動化・効率化の実現	遺言 IoT 電力サービス	契約条件、履行内容、将来発生するプロセスなどをブロックチェーン上に記録

出典：経済産業省商務情報政策局「ブロックチェーン技術を利用したサービスに関する国内外動向調査」（平成 28.4 月）

まな研究や実証実験が進められています。

代表的なケースとして次のようなものがあります。

・ナスダック市場

未公開株の取引・決済へ導入

・英バークレイズ

貿易手続きの記録管理の電子化への適用

・米シティグループ

自社で運営する送金や決済への適用研究

・米ＩＢＭ

契約や取引記録への適用研究。サムスン電子と連携し洗濯機の洗剤の監視－発注－仮想通貨での決済までをサポートするＩｏＴへの適用実験

わが国の金融業界で最も早く実現しそうなのは、送金サービスです。

現状、国内は全国銀行データ通信システム（全銀システム）、国外は国際銀行間通信協会（SWIFT）を活用していますが、これをブロックチェーンベースの「リップルコネクト」を活用したサービスに移行することにより、送金手数料が半分から10分の1程度に削減できるといわれています。各国の中央銀行なども、ブロックチェーンを国際送金や国際決済に生かす構想を研究しています。

また、ブロックチェーンと似た技術を採用した社内食堂の決済システム（山陰合同銀行）、独自の地域通貨の実証実験（東京大学、会津大学）、商店街独自の電子クーポンサービスへの適用（静岡県富士市）など、さまざまな試みが行われており、地域活性化にも貢献すると期待されています。

さらに、わが国ではインターネット上での行政手続きにおける本人確認の手段である「公的個人認証サービス」と連携することにより、エストニアなど海外で実現しているさまざまなインターネット上の公的サービスが実現できる可能性もあります。

このように広範囲に適用の可能性がある技術ですが、ブロックチェーンでは一定の期間に発生する取引をまとめて「ブロック」として記録するため、即時性の高い処理には適用が難しいとの指摘もあります。

コーヒーブレーク

ブロックチェーン

ブロックチェーンは金融サービスに限らず、さまざまな「権利」の移転、公共サービスなどにも適用できる技術と見られており、大きな変革を生む可能性を秘めています。

もとは仮想通貨（ビットコイン）の基盤技術を活用していますが、その技術は2008年「サトシ・ナカモト」（謎の人物）が提案したといわれており、日本人と推測されています。

その特徴は「オープンソフトウエアであり誰でも利用できる」、「管理者となる人や組織を持たない」、「複数の参加者が自律的に通信するP2Pネットワークに構築するため特定のサーバーに依存しない（ダウンしない）」、「公開鍵暗号、ハッシュ関数など改ざん防止機能が強力」なことにあり、ブロックチェーンも基本的に同じ考え方をしています。

謎の日本人の発想した仕組みがITの基盤を支える技術になるか、今後の動向が注目です。

インターネット上の仮想通貨が決済手段を変える

2009年に運用が開始された「ビットコイン」はインターネット上の代表的な仮想通貨で、

中央銀行の管理を受けずに流通し、手数料のかかる銀行を介さずにやりとりできることから、国外では国際送金などに多く活用され、通貨や金融インフラの弱い新興国では手軽な送金・決済手段として注目されています。

その動きは急速で、さまざまな決済手段に加えて、特に中国では大規模な採掘所（ビットコインを生み出す場所）が整備され、その使用量が急速に増加しています。わが国では2014年ビットコイン取引所「マウントゴックス」が経営破綻し、一時、安全性に対する懸念が高まりました。しかし、「貨幣の機能」を持つ決済手段の1つとして位置付けられたこともあり、取引量は徐々に回復しており、飲食店での支払いや電力料金の支払いなどに利用する事例も出てきています。

わが国においてはまだ「モノ」としての扱いのため、取引に消費税がかかり、利用者の保護、破綻時の対応、マネーロンダリングなど多くの課題があることも事実で、改正された銀行法に基づき、取引所への規制（当局への登録、口座開設時の本人確認、取引記録の作成・保存、最低資本金、外部監査など）が強化されています。透明性が高まってくれば、インターネット上の決済手段としてさらに普及するものと考えられています。

一方、三菱東京UFJ銀行がブロックチェーンの技術を使った独自の仮想通貨（MUFJコイン）を発行することを発表しました。ビットコインを改変・改良した仮想通貨が、700種以上開発されています。その特徴は、大規模な管理システムを持たないために低コストでシステムを構築できるところにあり、地域活性化などにも有効な手段と見られています。

フィンテックを利用した新たなサービスビジネス

「フィンテック」と呼ばれている技術のなかで、先行して実用化されているのが「スマホ決済」や通帳レスの金融取引です。そのねらいは利用者により、簡便な取引を提供しようという点にあります。

フィンテックを利用した新たなサービスビジネスの例をいくつか取り上げてみます。

・スマートフォンを利用した通帳

口座番号などをスマートフォン上のガードされた領域に格納し、スマートフォンアプリから登録した取引内容をＡＴＭなどに設置された読み取り端末に読み取らせることで払い出し、振り込みなどを処理。

・スマートフォンやタブレット端末からクレジット決済

スマートフォンやタブレット端末に小型の専用端末を差し込むだけでクレジットカード決済が可能になるシステム。小規模の店舗でも安価な手数料でクレジット決済ができる。

・**スマートフォン決済のクラウドサービス**

スマートフォンからのクレジットカード、プリペイドカード、電子マネーの決済機能を支援するクラウドサービスをＩＴベンダがサービス。

・**家計簿アプリ（個人資産管理）サービス**

複数の銀行口座や電子マネーの残高、クレジットカードの利用状況などをスマートフォンから確認できるサービス。カードの使用明細記録を支出項目ごとに仕分けし、家計簿に記載することや将来のキャッシュフローを予測するなどのサービスもある。

金融分野におけるＡＩ、ロボットの活用サービス

金融分野においても先進的ＡＩやロボットの活用が急速に進展しています。ヒト型ロボットを活用した店舗における顧客案内（多言語対応）や、ロボット、ＡＩが支援する資産運用サービス（ロボットアドバイザー）などが出現しています。コールセンター業務のＡＩによる支援では、過去の問い合わせ事例などのビッグデータを分析し、可能性の高い応答を提示します。電話の問い合わせに対しては、その音声を認識しながら問合わせ内容に対応する応答を提示するようなシステムも活用されています（**表5－2「金融におけるＡＩ・ロボットの適**

表5-2 金融におけるAI・ロボットの適用例

	適用例
営業店案内	ヒト型ロボットを活用した店舗における顧客案内（多言語対応）
資産運用サービス	利用者から目標とする資産額や毎月の積立可能額、投資リスクの許容度、投資意向など基本的な考え方を収集した上で、その人に合った資産運用ポートフォリオや予想残高のシミュレーション結果などを提案するロボットアドバイザー
コールセンター支援	AI技術を利用し、過去の問い合わせ事例などのビッグデータを分析して、可能性の高い応答を提示するシステム。電話の問い合わせに対してはその音声を認識しながら問合わせ内容に対応する応答を提示する
株式取引	株式市場におけるプログラム化された超高速取引へのAIの適用
決算データの分析	AI技術を利用した企業の決算データを分析するサービス
ローン審査	顧客の年齢や収入などに加えて地域別の経済指標や各種データの時系列的な変化をAI技術により分析する新たな審査手法
保険料の算出	顧客データから自動車保険などの最適な保険料を算出する

用例」）。

新規事業立ち上げの資金調達にクラウドファンディングを活用

地方活性化が叫ばれているなかで、新たなビジネスを立ち上げていくために、大きな壁になっているのが人財とともに、その「資金調達」です。

特に地方創生を担っているNPO法人やベンチャー企業においては、金融機関の融資やベンチャーキャピタルの利用などはハードルが高く、なかなか資金が調達できない状態にあります。これに風穴をあけつつあるのが第3章で述べた「クラウドファンディング」です。

インターネット上に起業するビジネスモデルを公開し、広く賛同者を募る方法で、資金調達の方

法としては　資金提供の見返りを求めない寄付型、資金の対価に商品やサービスを提供する購入型、出資ないし貸付などの形で資金を提供する金融型などがあります。

「金融型クラウドファンディング」のなかで、多様な借り手と貸し手をネットワーク上で直接結びつけるサービスを「ソーシャルレンディング」と呼び、アメリカでは銀行にかわる仲介サービスとして定着しています。

その最大手レンディングクラブは借り手の銀行口座やクレジットカードの利用履歴といった信用情報からランク付けし、融資の上限や金利などを決め、数ヶ月以内に融資をするという利便性から急成長し、仲介融資額は1兆円を超えるといわれています。中国などでは小口（千元単位）な個人投資家を多数募り、大規模（数千億円）な投資資金を集める手段として活用する動きもあり、10年後の世界市場は100兆～300兆円との予測もあります。

わが国では、このクラウドファンディングを単に資金調達の手段としてではなく、新製品や新規事業の立ち上げ時、顧客のニーズを把握しながら開発や事業化を進める手段としても活用されています。

さらに、地方活性化の一環で自治体などにおいてもその活用が拡大してきており、東京都墨田区では「すみだ北斎美術館」の資金として1500万円を集めた実績もあります。

一方で、これまでは行政が主体的に進めてきた事業に対して民間資金を集めて投資し、行政コストの低減と出資者への利益還元をねらう「社会的インパクト投資（ソーシャルインパクトボンド）」の活用が広まってきています。特別養子縁組を進める事業や、引きこもりの若者の就労支援事業、高齢者の認知症予防事業などで活用されています。

これらの動きは従来の金融機関の壁を越えたサービスとして注目されており、新たなビジネスを創出するＢＣＧトライアングルにおける資金調達の有力な手段と見られています。

これまで見てきたとおり、金融サービスにおいても従来の枠組みを越えたビジネスが生まれつつあり、それを支えているのがフィンテックです。なかでもブロックチェーンに関しては、今後、金融に限らず企業や社会システムにも大きな変革をもたらす可能性があり、自治体、各企業が注目すべき技術です。

生活・サービス分野における新しいビジネスの創造

次に生活・サービス分野の新しいビジネスの創造について述べたいと思います。

戦後、わが国の生活改善をリードしてきたのは、いわゆる白物家電でした。

１９７０年代には「３Ｓ」と呼ばれた洗濯機、掃除機、炊飯器が女性の家事労働を劇的に改善し、１９８０年代には「３Ｃ」と呼ばれたカー（自家用車）、カラーテレビ、クーラーが生活様式を一変させました。

1990年代に入ると、通信回線（無線通信を含む）の高速化・高度化を背景に、インターネットや携帯電話などモバイル機器が急速に普及し、従来の生活スタイルを大きく変化させています。特に2007年に登場したスマートフォンはその中核的な製品となっており、電話・メール・SNSにとどまらず、音楽・動画配信、ショッピング、チケットの購入、ナビゲーション、自動翻訳、電子マネーなど、広範多岐な生活・エンターテインメント情報や、防災・避難など公共サービス情報をいつでもどこでも取得できる「どこでもコンピューター」（ユビキタス）環境を実現しつつあります。高齢者の情報技術の活用においての格差（デジタルデバイド※4）の課題はありますが、さまざまなスマートフォンを活用した新たなビジネが生み出されてきました。

また、バブル経済の崩壊以降低成長が続き、高額商品、生活用品全般まで「所有」から「共有（シェア）」という大きな流れが起きつつあります。このような変化を踏まえて、先進的なICT技術を活用した生活やサービスにおける新しいビジネスについて取り上げてみます。

スマート家電、コネクティッドホームが生活環境を変えるか

すでに普及期を終えた家電においては、インターネット接続機能やAI機能、各種センサー機

表5-3　IoTを活用した家電

	IoTの主な機能
エアコン	快適な室温を学習、不在時はオフ
冷蔵庫	外出先から中味を確認、レシピの紹介や材料の注文、食品の使用期限を知らせる
オーブンレンジ	食材を伝えると献立を提案する
照明	人の存在を検知し点灯、気象と連動して点灯、スマートフォンから調光操作
スマートロック	開閉状況の記録、期間限定の鍵（合鍵）、スマートフォンからのロック
監視カメラ	外出先からの見守り、警備会社への通報
テレビ	機器からの通知などさまざまな情報通知
美容家電	化粧品などのアドバイス
ロボット型携帯電話	所有者の出身や好みなどを記憶し対話に生かす

器を装備した製品に移行しつつあります。これにより外出先からの電源オンオフ、音声入力するとレシピなどを提案するオーブンレンジ、室内の温湿度に応じて自動制御する扇風機やエアコン、掃除ロボット、肌の状態をセンシングし利用者に合う化粧品情報を提供する美容家電、所有者の出身地や好みを記憶させて対話に活かすロボット型携帯電話など、多種多様な製品が登場してきています。これらの家電製品は「スマート家電」と呼ばれています（主な製品は**表5－3**）。

このような動きのなかで、重視されているのがスマート家電への情報配信サービス（家族一人ひとりの食生活や健康状態に合わせたレシピの提案など）やスマート家電から収集したデータを分析するサービスであり、ここから新たなビジネスが生まれてくる可能性があります。

さらに住宅用機器においても、インターネット接続した機器やサービスが開発されています。スマートフォンでドアを開閉するスマートロック、カフェやクリニックなどに設置する窓型ディスプレイなどもありますが、住宅の防犯やエネルギーを含めて、全体をコネクティッドホーム※5として管理・運用するサービスが注目されています。

家庭用ロボット、ソーシャルロボットの活用サービス

もう1つ注目されているのが、掃除などの家事や高齢者の介護、幼児の見守り、コミュニケーションの支援など、生活のなかで使用するロボットです。トヨタ自動車の「ヒューマンサポートロボット（HSR）」やソフトバンクの「Pepper」などが代表的製品ですが、その活用はこれからの状況にあります。

そのなかで、人間とのコミュニケーションを主眼にサポートする「ソーシャルロボット※6」には顔の認識機能を備え、家族を見分け表情を読みとり、語りかけるなど、相手の反応を学習して対応を変えるといった高度なロボットも登場してきています。

さらに、家のなかを巡回し危険を知らせる、家電とつながり操作するロボットなども開発されています。スマートフォンと連動し家族からの伝言、スケジュールを音声で伝える、ドアの開閉

を検知するセンサーと連動し子どもの帰宅など人の出入りを把握する、将来的にはマイクやセンサーの情報から人の状態を推定するロボットなども開発される可能性があり、期待の高いロボットです。

高齢者・子どもに対する見守りサービス

働く女性の増加や1人暮らしの高齢者（762万人／2035年）、認知症患者（325万人／2020年）の急速な増加に伴い、見守りサービスには大きなニーズがあり、社会的に大きな課題になっています。これに対応するため、各種センサー機器を装備した製品や地域ぐるみの取り組みなど、さまざまな試みが行われています。主な事例として次のようなものがあります。

・地域ぐるみの見守り

コンビニと提携した認知症患者の見守り。営業や宅配事業者と提携した各家庭の郵便受けなどの異常の通報制度。高齢者相互で声を掛け合うといった見守りネット

・センサー情報の収集と通知システム

家のなかに設置したセンサーが高齢者の「立つ」「座る」「歩く」などの行動を捉え、数値化

（活動度）して専用のサイトに登録。この活動度が低下した場合、何か異常の可能性があると判断し家族に通知をする。室内の温湿度を監視し熱中症の注意を促すなどのサービス

家庭用ロボットとテレビや照明、血圧計などの生活家電をインターネット接続し、ロボットが高齢者の体調や要望を聞き取り、室内温度や明るさの調節、体調管理を助言するシステム

・ウエアラブル端末の利用

腕などに装着する小型のウエアラブル端末により、居場所の確認、脈拍など体調変化の確認、転倒などの異常を検知し通知する

・電力、水道など使用料を監視

家庭での電力や水道の使用量を収集蓄積し、異常があれば関係者に通知するシステム

・マイクロ波で高齢者の見守り

マイクロ波（周波数２４Ｇｈｚ）を送受信するセンサーを寝室の天井などに設置し、呼吸や心拍、寝返りなどの動きを計測し、スマホなどに送信しリアルタイムの変化を表示するシステムで、体にセンサーを取り付ける必要のない非接触型であることに特長がある

・老人・子どもに対する防犯見守り（位置情報通知）

防犯カメラと無線受発信装置を連動させ、発信機を付けた高齢者が防犯カメラの近くを通過するとスマートフォンアプリを通じて家族に位置情報などを伝えるシステム

表5-4 老人や子供の見守りサービス例

	機器・サービス
地域での見守り	コンビニと提携した認知症患者の見守り。営業や宅配事業者と提携した各家庭の郵便受けなどの異常の通報制度
位置情報通知	・防犯カメラと無線受発信装置を連動させ発信機を付けた高齢者が防犯カメラの近くを通過するとスマートフォンアプリを通じて家族に位置情報などを伝える ・GPS 機能付き専用の端末や軽量で小型化しやすい BLE（ブルートゥース・ロー・エナジー）を使用した端末（タグ）を利用。タグの所有者が半径 30m 以内に検知アプリが入ったスマートフォンや電柱に設置された受信機に近づくと自動的に位置情報や時間がサーバーに送られるシステム ・IC カード乗車券と連動し、バスや鉄道の改札口の通過情報を通知するサービス
家庭内センサー情報の収集	・家の中に設置したセンサーが高齢者の「立つ」「座る」「歩く」などの行動を捉え、数値化（活動度）して専用のサイトに登録し、この活動度が低下した場合、何か異常の可能性があると判断し家族に通知をする。室内の温湿度を監視し熱中症の注意を促すなどのサービス ・マイクロ波（周波数 24Ghz）を送受信するセンサーを寝室の天井などに設置し、呼吸や心拍、寝返りなどの動きを計測。スマートフォンなどに送信し、リアルタイムの変化を表示するシステム
ウエアラブル端末の活用	腕などに装着する小型のウエアラブル端末により、居場所の確認、脈拍など体調変化の確認、転倒などの異常を検知し通知する
電力・水道など使用料監視	家庭での電力や水道の使用量を収集蓄積し、異常があれば関係者に通知するシステム

GPS機能付き専用の端末やGPSよりも軽量で、小型化しやすいBLE（ブルートゥース・ロー・エナジー）を使用した端末（タグ）を利用し、居場所や行動を把握するシステムが開発されている。このシステムではタグの所有者が半径30m以内に検知アプリが入ったスマホや電柱に設置された受信機に近づくと自動的に位置情報や時間がサーバーに送られる仕組みになっている。また、ICカード乗車券と連動し、バスや鉄道の改札口の通過情報を通知

するサービスなども試行されている（表5－4参照）。

民泊・ライドシェアが拓くビジネス

第3章に取り上げたとおり、2000年以降、経済の低成長化に伴い、住宅・車などの高額商品を主体に各人が個々に所有する形態から、「共用（シェア）」するという新たな潮流が生まれてきており、この動きをけん引しているのが「ミレニアム世代」といわれています。

住宅においては、今後ますます増加する空き家対策の一環として、「シェアハウス」を提供する動きがあります。若者の車離れが進行しているなかで、維持費が高額な車を希望するときに利用するという「カーシェアリング」。ガソリンスタンドや駐車場などがこのサービスを始めています。

現在、自動車メーカーも製造・販売から利用へと軸足を移しつつあり、さまざまなサービスが検討されています。将来的には乗りたいときに無人の車を呼び出し、降りたら車が自動的に駐車場に戻るといった夢が実現するかもしれません。

一方、スマートフォンや急速に進展したインターネットをベースに、個人間でモノやサービスを共有・融通する仕組みを、広く「シェアリング・エコノミー」と捉えています。その代表的なものが「オークションサイト」であり、「スマホマーケットプレイス」、「フリーマーケット」、「衣類（着物など）レンタルサービス」などです。最近は「モノ（使用頻度の低い）の貸し借り」、「駐車場の貸し借り」、「子供服の交換」など、多様な仲介をするサイトが登場しています。

この仕組みの特徴は、インターネットをプラットホームとして主に個人対個人でモノやサービスを取引することにあり、これまでの「B2C」を「C2C」に転換するもので、新たなビジネスの芽として期待されています。

しかし、サービスの品質に関しては、現状、ソーシャルメディアによる信用を前提としており、今後、シェアビジネスの業界横断ルールとして、サービス提供者の身分証明書の提示、利用規約の制定、「なりすまし」対策、苦情相談窓口の設置などを義務化する制度が不可欠と考えられます。

このような流れのなかで注目されているのが、アメリカのウーバー・テクノロジーの「Uber（ウーバー）」と、世界では利用者が1億人ともいわれる民泊の「Airbnb（エアービーアンドビー）」です。これらのサービスは空きリソースを活用したビジネスという意味で、「アイドルエコノミー」といった呼び方もされており、それも1つの視点ではあります。

◆ライドシェアサービス「Uber」

Uberは2009年「タクシーの配車サービス」としてスタートしましたが、今では自家用車

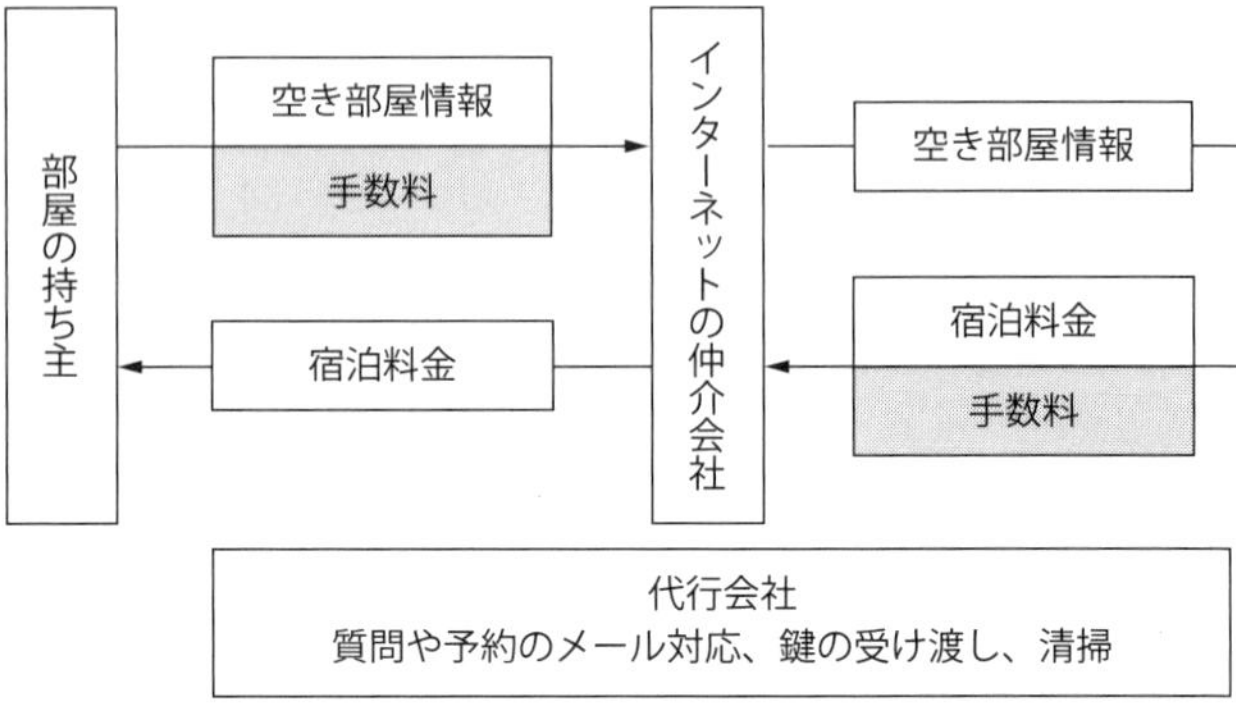

図5-2　シェアリング・エコノミーの代表例〈民泊の仕組み〉

のドライバーと利用したい人をスマートフォンでつなぐ「ライドシェア」（相乗り）サービスが主力になっています。

最近では、その用途がさらに広がってきており、出前サービス「Uber EATS（ウーバーイーツ）」なども提供され、配送機能を持たないレストランなどがこれを利用する動きがあります。しかし、日本市場では、既存業界の反発や白タクの禁止などさまざまな制約があり、なかなか普及していません。一方で、公共交通の未整備な地方や交通空白地域における観光客の足として、また、いつまで運転できるかわからない高齢者の交通手段として有力視されています。

また、ライドシェアを通じて料金や経路などを含めてさまざまな交通情報が収集され、これが将来の自動運転時代には大きな武器になると見られています。自動車メーカーも自動運転車を使った相乗り仲介サービスなどをどのように活用するかを模索しています。

◆「Airbnb」を始め注目される民泊

成長戦略のなかでも観光事業の育成が柱の1つで、2020年の来日観光者数を4000万人にするという新たな目標も掲げられています。2016年には2400万人を超える外国人が来日し、それに伴い宿泊ホテルが逼迫《ひっぱく》しており、その解決策として注目されているのが民泊です。

その仕組みは**図5―2**に示すとおりです。また、地方活性化を進めるなかで、2021年には空き家率約30％とも予測されている「空き家」対策としても有力な手段と考えられています。

現在、わが国では個人が有料で宿泊を提供することは禁止されていますが、Airbnb（米国で2008年サービス開始）の訪日の利用者が300万人を超えるといわれており、実質的な空き部屋やマンションの空き室を利用した民泊はかなり利用されています。しかし、地域住民との間でゴミ出しや騒音などトラブルも発生しています。

すでに、認定されている「農家民泊（農作業体験＋空家利用）」に加えて、当面、簡易宿泊所（カプセルホテルと同等）として自治体が営業許可する枠組みや、特区を利用した制度などが先行しています。宿泊日数がやっと2泊3日に緩和され、利用環境は整ってきているものの、住宅地で個人の住宅所有者が手掛けやすくするような法整備が課題になっています。

現在、「住宅を利用した宿泊サービス」と位置付け、住宅提供者、管理者、仲介事業者を届け出や登録制にする、年間営業日数に上限（180日以下）を設けることなどが検討されています。

◆個人のスキルや時間をシェアする「クラウドソーシング」

もう1つ注目されているのがネットワーク上で個人のスキルや時間をシェアする「クラウドソーシング」です。主に「個人対個人」で掃除、洗濯など家事代行や、育児、ウェブ開発などの仕事をインターネットで外部の個人に発注するものと、「個人対企業」で高度な専門職などを企業から個人にアウトソーシングするものがあります。

最近は地域活性化の一環で自治体が後ろ盾（信用保証）になり、「離職した保育士やシッターを登録し利用したい人に紹介する」、「子供の見守りを頼みたい親と引き受けられる人をつなぐ」、「観光したい人と観光ガイドができる人をつなぐ」、「仕事を頼みたいお年寄りと仕事ができる人をつなぐ」、「駐車場の貸し借り」など、多様なオンデマンド型仲介サイトが出現しています。

この取り組みは、生産年齢人口が減少していくなかで、女性やアクティブシニアの労働力を発掘し活用する意味で注目されています。

新しいビジネスを創造するにはオープンデータの活用が有効

政府や自治体、業界団体などが所有する情報を使い、新しいサービスを創出する「オープンデータ」の取り組みが多くの都道府県や市町村で始まっています。政府においても2012年「電子行政オープンデータ戦略」を策定し、データ公開や利用ルールの整備を進めるとともに、2014年政府の専用サイト「DATA.GO.JP」を運用開始するなど後押しをしています。

さらに、交通機関の運行情報や駅の施設情報（出入り口、エレベータ、トイレなど）を提供する「公共交通オープンデータ協議会」なども発足し、駅の施設情報など自動翻訳を利用し多言語で提供することも推進されています。

このようにオープンデータを活用した多くのスマートフォンアプリが市民主導で開発されています。例えば、鯖江市では市内のトイレや避難所の位置、バスの運行情報などを公開し、これらの情報を活用した100以上のアプリが開発されています。さらに、ゴミの回収予定を提供するアプリや保育所や幼稚園、介護施設の情報をマップと連携し提供するサービスなどは多くの自治体において活用されています。

このようなオープンデータの活用は、新たな住民サービスやビジネスを創出する1つのきっかけになっています。

ここに、取り上げた分野以外でも、スマートフォンを中核としたさまざまなアプリが新たなビジネスにつながっており、生活やサービスを革新する主体になっています。

第6章

教育改革による新しいビジネスの創造

教育のグローバル化とデジタル化の波が押し寄せた

地方行政の柱の1つである小・中・高校の教育現場にも革新の波が押し寄せています。キャッチフレーズになるのは「グローバル化とデジタル化」です。

1947年にできた教育基本法は、義務教育、男女共学、学校教育、社会教育、教育行政などの戦後教育の体系を確立し、同時にできた学校教育法によって六・三・三・四制という単線型で画一平等主義の学校体系ができあがっています。

そこで、最近の教育方針の動向について振り返って見たいと思います、わが国においては21世紀に入って、多様な個性・能力の育成や特色ある学校づくりを目標に、地域ごとの学区制や学習レベルの画一制を廃して、義務教育段階から学校の自由選択制や中高一貫校、小中一貫校などが導入されたほか、スーパーサイエンスハイスクールの指定、支援も始まりました。

一方、学校の教育過程（カリキュラム）の基準では、1980年から「ゆとり教育」が始まりましたが、2010年代になると学力低下が問題となり学習指導要綱の改訂により「脱ゆとり教育」に一転してしまいした。

学習指導要領は10年ごとに改訂されますが、２０１６年の改訂では小学校5～6年生で外国語（英語）が正式教科になり、３～４年生から外国語活動が始まります。高校では歴史を学ぶ「歴史総合」や国際理解を深める「地理総合」、社会参画意識を高める「公共」の３教科が必修になります。これまでは教える内容が中心でしたが、これからは子どもの学び方や教師の教え方を重視し、アクティブ・ラーニング（能動的学習）も全教科に導入されます。

さらに２０２０年には教科書のデジタル化やプログラミング教育の必修化も控えています。また、ＩＣＴを使いこなす力を重視し、高校の選択科目「情報Ⅱ」では情報システムやビッグデータなども取り扱うことになります。押し寄せるグローバル化とデジタル化の波はＩＣＴの急速な進化を誘発し、わが国の教育の在り方にも多大な影響をもたらすようになりました。

このような環境下において教育改革が行われることは、わが国の将来に明るい光をもたらす原動力となることと思われます。本章では、現在行われている教育と、新しく取り入れられる教育も含め、教育改革の現況とビジネスの視点から見えてくる新しい教育分野のビジネスの創造に対しての指針になるべきヒントを取り上げてみます。

IoT技術は教育改革に必要不可欠な技術

教育改革を推進するために、まずはわが国の近代教育の歴史を振り返ってみます。

近代教育は1872（明治5）年に始まりました。当時の新政府は、文明開化、富国強兵、殖産興業といったスローガンを掲げ、封建制と身分制度を廃止することで近代的な国家に転換させようとしていました。当初、近代教育を定着させるため国民全般を対象に初等教育を普及させることと、欧米の技術的・文化的水準に急いで追いつくため高等教育の設立に力を注いでいました。1872年から近代教育が始まったとはいうものの、すんなりことが運ぶはずもなく、模索と試行を繰り返しながら近代教育を定着させました。

第2次世界大戦後、教育基本法などを制定し、教育委員会制度が創設されました。その後、半世紀以上経過した2006年に教育基本法は全面改正され、2015年には政治と完全に分離した独立組織としての教育委員会制度の改定も行われました。さらに、六・三制の改定で小・中一貫校の創設などが設立され、2020年以降はデジタル教科書の解禁やさまざまな改革も予定されているようです。

第1章で述べたように、IoTの基幹技術の1つに「サイバー・フィジカル・システム

（ＣＰＳ）」と呼ばれる技術があります。これは、仮想のサイバー空間と現実の世界であるフィジカル空間との融合でこれまでなかった新たな価値を創造するとともに、仮想現実（ＶＲ）（ＶＲについてはコーヒーブレークを参照してください）や拡張現実（ＡＲ）および３Ｄプリンターなどによって、仮想と現実とを直接融合させることでさらに新しい価値を創造することが可能となる技術です。

わが国では、ＩｏＴの基幹技術を有効に活用することにより、新しい教育に関する技術を創造することが重要だと考えます。

人類社会において　農耕社会では農耕に関する技法、工業社会では蒸気機関がもたらすエネルギーがその時代の社会を発展させる原動力でした。そして、今、私たちはコンピュータの発明によって、情報社会で生活しています。

これからの新しい社会は、人工知能（ＡＩ）やロボットなどの技術と共存していくことになり、これまでとは質的に異なる社会で生活し、新しい社会に対応していく適応力が必要とされています。そのためにも、教育は学生だけのものではなく、社会人も新しいスキルを取り入れて、自主的な学びが必要になってくるでしょう。

コーヒーブレーク

戦前の教育体系の復活

教育の戦後レジームは、小学校・中学校・高校・大学の「六・三・三・四制」という単線型の学校体系になっていましたが、今は戦前の能力別の複線型学校体系に戻りつつあります。個人の能力差を考慮しない徹底した平等主義と居住地によって進学先が決まる学区制が厳しく守られてきましたが、習熟度別学級編成、中高一貫校、学校選択制、飛び級や大学への飛び入学など、個人の能力に応じた柔軟な進学を選択ができるようになってきました。

戦前の学制に当てはめると、中高一貫校は旧制の5年生中学校に相当します。旧制度の中学校では、普通は5年で卒業して今の大学の教養課程に相当する旧制高等学校へ進学しましたが、成績優秀な生徒は4年終了で進学できました。そして旧制高校卒業後は大学や学部を選ばなければ必ずどこかの帝国大学に入学できる仕組みになっていました。

中学校入学も難関で小学校から2年制の高等小学校を経由せざるを得ない人も多く、中学入学時にすでに2年の差がありました。教育レベルの下支えは大切ですが、競争のない画一主義は個性や能力の発育を削ぐという批判もあり、それらを容認する方向に進んでいます。

プログラミング教育はIoTの原点

世界的にプログラミング教育への関心が高まっています。子どもたちの習いごとで多いのは、ケイコとマナブ.netによれば1位水泳、2位英語・英会話、3位ピアノという順位になっていますが、最近、「習わせたいお稽古ランキング2016」のベスト10位にパソコン関連としてプログラミングがランクインしました。

また、私たちが使っている電気製品のほとんどはマイコンのなかに組み込まれたソフト（一般的には組み込みソフトと呼ばれています）、プログラミングで制御されていますから、将来、どのような職業に就いたとしても、プログラミングを学んでおくことは必要です。このプログラミング教育の重要性から新しいビジネスが生まれてくるでしょう。

現時点においても、2013年ごろからプログラミングを教える塾が増えていて、2016年には150社を超えており、そのなかには、すでにプログラミングを英語で教えている事業者もあります。

子ども向けのプログラミング教室では、幼稚園から小学校低学年生向けにタブレット端末でタッチ操作をして、命令ブロックを組み合わせることでゲームを作ったりアニメーションを作ったりするほか、ロボットを制御しながらプログラミングの考え方を教えています。さらに小学3年生以上を想定してパソコンとマウスを使い、子ども向けプログラミング用ソフト「Scratch※1」で自由な発想でオリジナルのゲームを作成したりしています。また、基礎的なプログラミング知識を学んだら、本格的なロボットプログラミングコースや携帯電話のアプリ開発コースにも挑戦することができます。

子どもたちだけでなく、企業家を目指す社会人などが、海外でプログラミングを習うエンジニア留学も始まっています。例えば、インドではプログラミング技術を持つインド人が英語で日本人留学生にプログラミングを教えている事例もあります。

◆日本におけるプログラミング教育

現在、中学校では、プログラミングが2012年から必修科目となり、授業が行われています。高校では、必修科目ではなく選択科目のため、プログラミングを学ぶ生徒は約2割程度です。

2016年4月の産業競争力会議で、安倍首相は「日本の若者には、第4次産業革命の時代を生き抜き、主導していって欲しい。そのため初等中等教育からプログラミング教育を必修化します。一人ひとりの習熟度に合わせて学習を支援できるようICTを徹底活用します」と表明し、小中学校でのプログラミング教育の必修化を、政府の新成長戦略に盛り込むことにしました。この背景には、経済産業省による推計ではプログラミングに関わる人材は、２０２０年には37万人、２０３０年には80万人が不足するとの予測も影響しているといわれています。

そこで、わが国と海外のプログラミング教育の在り方を比較してみると、２０２０年度以降、わが国の小・中・高校でのプログラミング教育は、小学校では新たに必修科目とすること、中学校では教育内容の充実を図るためアニメーションづくりなどを追加すること、高校では選択から必修科目にすること、などと具体的な検討が進められています。

◆海外におけるプログラミング教育とその効果

世界に目を向けてみると、イギリス、ロシア、ハンガリーでは、すでに初等教育段階から必修化されています（『諸外国におけるプログラミング教育に関する調査研究』２０１４年）。

イスラエルは、人口が約８００万人の小さな国ですが、早い段階からプログラミング教育を強化し、高校に相当する学校では日本の国語や数学と同じくらいの学習時間をプログラミング教育に当てています。

そのイスラエルは国を挙げてプログラミング教育に力を入れてきたことが功を奏したのでしょうか。ＮＡＳＤＡＱで上場している企業の数がアメリカに次いで2位、中東の第２のシリコンバレーともいわれるようになっています。

アメリカでは、まだプログラミング教育の必修化には至っていませんが、前オバマ大統領は「プログラミングを学ぶことは自分のためだけではない。国の将来がかかっているのだ」と演説し、コンピュータサイエンスを初等中等教育の授業に組み込むため、向こう3年間で40億ドルを拠出する予定です。また、すべての学校でプログラミング教育を導入することを推進するため、アメリカのＩＴ業界のリーダーなどが運営するＮＰＯ法人で、その活動を活発化させています。

◆自治体によるプログラミング教育の推進

千葉県の柏市教育委員会では、市内のすべての小学校で、２０２０年に必修化が予定されているプログラミング教育を２０１７年5月～7月に授業として行うことを宣言しました。その後の活動として、クラブ活動や放課後こども教室、家庭との連携による作品づくりを、地元の小・中・高校生に無料でプログラミングを教えている団体が協力して推進し、この成果の発表の場として、２０１８年2月にプログラミング作品コンテストの実施も検討しているようです。柏市のように全校で実施することは全国でも初めてのケースとなります。

各地方自治体※2に教育委員会が設けられていますが、国が決めた事項について具体的にどのようにして子どもたちに学ばせるかなどは、教育委員会の判断に任されています。柏市の取り組みは、教育委員会の判断があって、時期を早めプログラミング教育を実施することにしています。

２０２０年度から全国の小学校でプログラミング教育を実施するとなると、プログラミング教育に必要な指導者が不足するのではないかと心配されています。

また、学校の授業だけでは、ただ「面白かった」で終わってしまいがちとの指摘もあり、授業以外の場所でも指導者は必要になります。

全国の小学校でプログラミング教育が始まることで、学校以外の場所でも「やってみたい」という子どもたちの親が、事業者の運営するプログラミング教室に通わせることが急増することも予想されます。また、経済的な理由などで事業者が運営する教室に行きたくても行けない子どもたちなどには、地域のプログラミングに詳しい人たちの手助けが必要になってくることもあるでしょう。

プログラミング教育の必修化という過渡期を好機として、地方自治体、地域の企業および住民らが歩み寄り連携することで、プログラミングを通じたビジネスや交流が生まれる可能性があります。このことをきっかけに教育以外のことでも、新しいビジネスを創設することで地方活性化の基盤づくりにも寄与するのではないでしょうか。

加えて、生涯学習などの社会教育も地域の公共私や産官学の連携によるローカル・オプティマムの組織化や地域未来塾が全国に設けられ、教師ＯＢや教員志望の学生、外国生活の経験者などが運営に参加するなど、すでに多種多様のビジネスが生まれてきています。

つまり、ＩｏＴは「つながる」というコンセプトが基本ですから、プログラミング教育にはＩｏＴの原点に立ち戻って考える事が必要ではないでしょうか。

日本においても教育のデジタル化が急速に進展

小・中・高校で児童・生徒が使う教科書は、現在の学校教育法では紙媒体と決められているので、紙からデジタルの教科書にするためには法律を改正する必要があります。２０２０年度から児童・生徒が使うデジタル教科書を導入するにあたり、２０１７年度の通常国会に法律の改正案が提出される予定です。

現在、デジタル教科書としてあるのは教員が使う指導者用の教科書のみです。その指導者用のデジタル教科書は、インタラクティブ・ホワイト・ボード（電子黒板）を使って、大自然の風景の３６０度のパノラマ画像や実際に行うことが難しい実験の様子などを見たりすることにも使用されています。

教育のデジタル化は、１９８６年の臨時教育審議会からの答申に「教育の情報化への対応」とあり、およそ30年前から検討が始まっていました。これまでの間、コンピュータ教育開発センターの設立、教育のＩＣＴ化の研究や実証実験を繰り返しながら現在に至り、ようやく児童・生徒の教科書がデジタル化される見込みになりました。また、国はタブレット端末を児童・生徒全員に１人１台の支給を目指しているので教育現場は大きく変わることになります。

◆海外でのデジタル教科書の活用

デジタル教科書をすでに導入している国は、アメリカ、韓国、シンガポールなどです。日本では教科書に関することは国が法律で決めていますが、アメリカでは国ではなく群が決めており、オンラインで全教科を配信しているケースもあるようです。

アメリカが導入しようとした際に、次のようなエピソードがありました。当時、カリフォルニア州のアーノルド・シュワルツェネッガー知事は「シリコンバレーを支えるカリフォルニア州の生徒たちには、重い教科書を持って通学する姿は似合わない」ということをいいました。それから、わずか約３ヶ月でデジタル教科書の導入を決めました。デジタル教科書導入に対する抵抗は根強かったようですが、当時のカリフォルニア州の財政状況は危機的状態にありました。生徒１人に約１００ドルかかる紙の教科書代が、オープンソースのデジタル版なら無料になるとなれば、この費用をほかに使うことができるという財政上の事情もあったようです。

◆日本における教育デジタル化の効果

総務省のフューチャースクール推進事業は、実証校として東日本から5校、西日本から5校を選び合計10校の小学校で2010年からスタートしました。また、文部科学省の学びのイノベーション事業の実証研究は、フューチャースクール推進の実証校10校に加え、中学校8校、特別支援校2校を追加して、2011年から始まりました。それぞれの事業は3年間続けられ終了しました。その結果については、実証研究での取り組みやその成果、実証研究で明らかとなった課題を取りまとめ報告書として公表し、全国の自治体や学校をはじめ、教育に関わる関係者に教育の情報化に積極的に取り組むように呼びかけています。

これは、児童・生徒1人1台のタブレット端末（タブレットにつきましてはコーヒーブレークを参照）、すべての各普通教室へインタラクティブ・ホワイト・ボードと無線ＬＡＮやクラウドによるネットワーク環境という最新のＩＣＴ環境を構築して行われました。

これらの実証実験などが行われたことで、２０２０年に向けて学校教育のデジタル化は加速することになりました。

この研究授業を参観した教員から「先生と児童がＩＣＴの機器を使っていることに驚いた」、「授業を受けている児童の様子からタブレット端末の活用で効果が上がることを実感した」、「学習に意欲的に取り組む児童が増えコミュニケーション能力が向上したと実感した」との多くの報告があったようです。

また、児童・生徒一人ひとりの個人学習に活用したり、それぞれの考え方を図や写真に手書きのコメントで視覚化しクラス全員に発表したり、1人の児童・生徒が意見を出せば、それについてグループやクラスで教え合い学び合って新たな考え方を発見したりすることで考える力が高まったといいます。

さらに、「遠く離れた2つの学校の生徒同士がまるで1つの教室で学習しているかのような一体感が生まれる授業ができた」、「デジタル教材で学校の授業と家庭学習の連携が図れるようになった」などの報告もあったそうです。

◆教育デジタル化の課題

タブレット端末1人1台が実現して5年目を迎えた実証校に指定されたある中学校では、「タブレット端末にはすべての情報が入っているので、忘れると保護者が学校まで届けるくらい必需品となっている」といいます。

一方、児童・生徒に1人1台のパソコンとタブレット端末を導入することは、今のままでは難しいとの指摘もあります。公立の小・中学校の授業料は無料ですが、学用品は各家庭の負担と

授業・学習支援システムと堅牢な校務支援システムを連携運用させることにより、学習記録データ等を蓄積・分析し、学級・学校経営の見える化等を推進。このことにより、教員の業務負担の軽減と教育の質の向上を目指す。

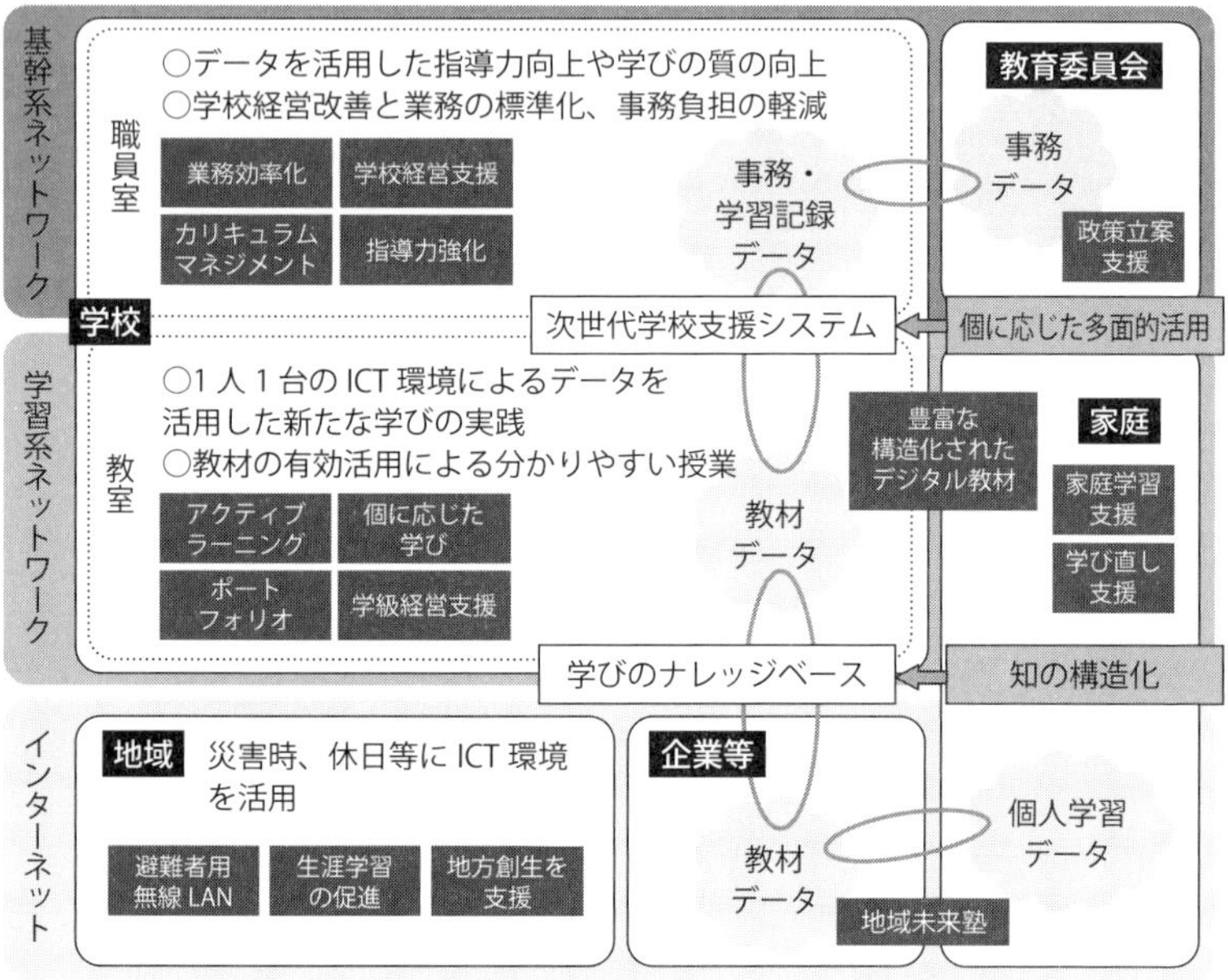

出典：文部科学省28年度「2020年代に向けた教育の情報化に関する会」最終まとめ（案）より一部修正

図6-1　スマートスクール（仮称）構想のイメージ

なっています。一般的に複数で使う理科の実験装置などは教具となり自治体の負担ですが、タブレット端末は1人1台となると独占して使うため学用品となり各家庭での負担になりそうだとしています。具体的にどうするのかは各教育委員会が決めることで、現在のところは未定です。

他の都道府県に先行して佐賀県では、2014年度からすべての県立高校で、学習用パソコン1人1台体制にしました。その際の費用は、義務教育ではないので保護者が負担しており、教育用ソフトも含め1台5万円となっています。

諸外国では、ＢＹＯＤ（私有端末）ということを取り入れながら、状況に応じて1人1台を無償提供している国もあることから、これからこの論議が活発化しそうです。

文部科学省は、２０２０年代に向けた教育の情報化に対応するため「情報化加速化プラン」のなかでスマートスクール構想を示しています（**図6−1「スマートスクール（仮称）構想のイメージ」**を参照）。1人1台タブレット端末環境と校務支援システム環境によるデータの効果的活用を通じアクティブ・ラーニングなどを支援しようとの考えです。また、ベテラン教員が個々に有している知識・技能を可視化することで、経験不足の教員の補完的役割を担うこともできるのではないかと期待しています。

スマートスクール構想が動き始めると、これまでとは比較にならないほどの大きなビジネスチャンスが到来することになりそうです。

このスマートスクール構想はいわばプラットフォームであり、最終的にはコンテキストが重要となるため、ＩｏＴとビッグデータを活用した教育コンテキストを開発する動きもすでに出始めています。教育の分野でもＩｏＴが教育改革の核になると期待されています。

コーヒーブレーク

タブレット

タブレッドといえば、古代メソポタミア遺跡から発見された粘土版や石版をタブレット（Tablet）といいます。その用途は会計簿や天文の記録のほか、取引上のクレームなども書かれていたようです。

およそ5000年という年月を経て、インターネットにつなぐと世界中の情報を得ることができるタブレット端末へと進化しました。また、古文書の巻物は英語ではスクロール（Scroll）といいます。現代のタブレット端末に表示しきれない文章や画像があるときは、表示されていない部分を表示させるために「スクロールする」といっています。

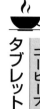

インターネットによる遠隔教育がはじまった

◆遠隔教育で広がった教育の機会

わが国は、欧米で形成された近代教育を明治時代に導入したことは前述しましたが、同時期に郵便制度も導入され、その発達とともに、近代教育における通信教育が始まったといわれています。「近代教育における」としている理由は、江戸時代後半に本居宣長が書簡で添削指導をしていたとの記録があるからです。欧米でも日本より早い時期から通信教育はあったようです。

郵便を通信手段とする学び方を「通信教育」といっていましたが、テレビやラジオで学ぶことができる放送大学による教育が始まってから「遠隔教育」といわれるようになりました。今は通信手段の範囲が広がりインターネットでつながったスマートフォンやタブレット端末、パソコンでの教育配信も試験的に行われ始めています。

遠隔教育の一番の特徴は、教室に行くことなく自宅や勤務先などでも勉強ができることです。時間的、または経済的に学校に通うことできないなどの制約のある人や、遠隔地に暮らす人にも教育の機会をもたらしてきました。

２０１６年からは、大学ばかりでなく高等学校でもインターネットによる授業が行われるようになりました。これまでも、高校には通信制という制度はありましたが、２０１６年から異業種からの参入でインターネットで授業が受けられる新しいタイプの通信制高校も現れました。高卒資格取得のほか、大学受験講座やプログラミングなどの専門的職教育も選択することができるといいます。

インターネットによる通信手段を手軽に利用することができる現在では、制度改正により全日制と定時制の高校において対面ではない遠隔による授業は36単位までという条件で認められています。これによって、少子化による教員数の削減や過疎地の教員不足などに対応するため、拠点を設けて複数の高校に同時配信することなどを検討している自治体もあるようです。高校では、たとえば、理科でも、物理、生物、化学、地学に分かれています。各専門の教師がいない場合には、遠隔教育が有効だとする考えが出始めています。

◆日本における遠隔教育の例

沖縄県与那国島には、東京のスタジオとインターネットでつないだ双方向ライブの学習塾があり、子どもたちは途中で手を挙げて先生に質問することも可能です。この島には学習塾がなかったので、町長がウェブ会議システムの取扱事業者を新聞広告で探して連携し、２０１１年から始めたとしています。この町営学習塾の費用はテキスト代金だけです。

離島や山間部に住む子供たちには、学力の向上を支援したり、公平な教育機会を確保したりすることからも、インターネットによる遠隔教育は効果があり必要とされ、広がりをみせています。

２０１５年9月から福井県内の市教育委員会と同市内の小学校や中学校で事業者がインターネットの教育講座による共同研究を官民連携で行ったところ、勉強の時間が増え、基礎学力の向上に効果的だったと結論づけています。今後、教育内容の改善や対象となる学年を拡大したりすることにより、一層の効果が期待できるとしています。

◆遠隔教育の魅力

学校で学んだことがインターネットで復習ができ、インターネットで予習したことを学校の授業で学べるようにするには、学校の授業とインターネットの教育講座とが連動（つながる）していることが必要です。一般社団法人日本オープンオンライン教育推進協議会（ＪＭＯＯＣ※3）によれば　２０１２年にアメリカを中心に始まったＭＯＯＣｓ（Massive Open Online Courses、大規模公開オンライン講座）が急成長しているといいます。ＭＯＯＣｓは無料で高等教育をオンラインで受講できる教育サービスとして全世界中で普及しており、４０００万人が受講しています。

参加している多くの大学の目的は、有名教授による講座で大学の知名度を高めることや、優秀な学生を集めることで、大学の競争力を高めようとしています。例えば、ハーバード大学の講義は無料で受けられるが、単位を取得できなかったことを改善し、今は有料で単位を認め修士号を取ることもできるコースも設けているなど、ビジネスモデルとしても多様化しています。

さらに新しいタイプの大学が出現しました。シリコンバレーにあるＵＤＡＣＩＴＹ（ユダシティ）は、Google、Facebook、Clouderaなどと連携して講義内容を組み立てており、有名な一流企業の専門家たちの講義を聴講することができます。

受講者から重要視されるのは、大学名ではなく教授と質の高さにあるといいます。キャリアアップに直結するような講義が数多く用意されており、受講者のなかから採用しようとする企業が増えているため、シリコンバレーの大学となりつつあるといわれ、脚光を浴びているようです。また、この講座が無料の運営を可能にしているのは、有料で人材紹介を行っているためです。

わが国でも2014年からJMOOCが大学レベルの講座を提供し、JMOOC Jr. はJMOOCのファミリーとして小・中・高校レベルの講座を提供するとして始まり、これからの広がりが期待されています。

◆アメリカの理数系教育の推進

アメリカでは、理数系の教育に力を入れることで、科学技術とビジネス分野で国際競争力を発揮できるとし、世界における科学技術の優位性を保ち維持していくためSTEM教育を国家的戦略と位置付けています。具体的な目標は、初等、中等教育の優れたSTEM分野の教師を10万人養成し、大学生については、10年間でSTEM分野の卒業生を100万人増加させ、女性の参加も促進することなどを設定し、年間30億ドルの予算が投じられています。

これは、子どもたちが早い時期から科学などに触れることで、将来、リーダーとして活躍する人材を養成することを目的にしている教育ともいわれています。

この戦略を後押しするため、３Ｄソフトの技術開発に強みを持つ企業が、有名研究機関と共同開発し、バーチャルコンテンツなどを学校に提供しています。クオリティの高い教材やＡＲなどの先端技術の教材を使って子どもたちに学ばせることに力を入れているのです。

バーチャル実験室を導入している学校では、３Ｄ眼鏡を装着して画面を見ながら専用ペンを使って、生物の解剖実験や自動車のエンジンを取り出して分解したり組み立てたりして仕組みの細部を観察することをバーチャルな空間で行っています。目の前で実際に宙に浮いているように見える動物の臓器を取り出し、解剖したりすることができるのです。現実の世界では危険を伴うことでも、バーチャルな世界では操作しながら学ぶことができます。ＳＴＥＭ教育は、生徒の興味を喚起しながら教育することを心掛けて行っているようです。

さらに、ＶＲ技術を遠隔教育に応用する研究も始めています。実用化は少し先になりそうですが、遠隔地にいながら実際に教室にいて授業を受けているようにすることを目指しています。アメリカは戦略を立てたら財源という旗を立てるのが早く、民間事業者からその旗が見えやすいため、学校に対するアプローチも早いのかもしれません。

◆日本における理数系教育の取り組み

わが国では、文部科学省を中心にして、特にＳＴＥＭ教育という文言は用いませんが、理数系の教育を重要視して教育するという戦略を打ち出しています。初等中等教育から大学教育までを通じて、科学技術の変革を担う人材を育て、その能力や才能の成長を促すとともに、理科と数学が好きな児童生徒を増やすことを目指しています。

そのためには、創造性を豊かにする教育や理科と数学の教育を通じて、特に優れた素質がある児童・生徒や学生の才能を伸ばすことに取り組みたいともしています。

また、アクティブ・ラーニングの視点から授業を行うことや、さらに高等学校教育、大学教育、大学入学者選抜の一体的な改革を推進しようとしています。

ＶＲの技術で歴史体験、社会科見学のほか科学教育に役立つ事例が、わが国においても見受けられるようになりました。長野県の上田市教育委員会が４００年前の上田城をＶＲで再現するアプリを提供していて、現地に行ってアプリを起動させると昔の上田城を歴史体験できるというものです。

また、九州国立博物館でも実際には立ち入ることができない日本最古の古墳内部などをＶＲで体験することができるイベントを開催しました。

遠隔教育にはVR技術の応用が効果的

アメリカのペンシルベニア州立大学のデザイン分析技術向上研究所ではVR技術を遠隔教育に応用する研究を始めています。

これまでも、遠隔教育は教室に行くことなく学ぶことができるので、遠隔地に住んでいる人、時間や学費に制約があったりする人に教育機会をもたらしてきました。しかし、ただテレビやパソコンの画面を眺めていることは「受け身型的な学び」といわざるを得ませんでした。

このような教育格差を是正するため、アメリカのペンシルベニア州立大学の研究班が次のような実験を行いました。実験内容は、54人の学生を、一方はコンピュータ画面を見ながらの受け身型、もう一方はヘッドマウントディスプレイ（HMD）※4でVRを再現する体験型に分けて、バラバラにしたコーヒーメーカーを組み立てるのにかかる時間を比較するというものです。

その結果、コンピュータ画面では約49秒かかりましたが、VRの中では約23秒でコーヒーメーカーを組み立てることができたといいます。このことからVRは遠隔教育の効果を高めることが確認できたというものです。

コーヒーブレーク

VR

VRは、実際に体験してみないと理解できないことなので、ペンシルベニア州立大学の実験の状況に沿いながら、VRについて説明と解説を付け加えます。

VR（Virtual Reality）は、例えば、自身が身体を動かしたことがコンピュータのなかでシミュレーションされ、それを直感的かつ身体的にコンピュータのなかで体験できるところが革新的な技術です。バーチャルなのにリアルな世界と同等の体験ができるということなのです。テレビや映画館の3D映画も、ある意味ではVRなのかもしれません。

しかし、ここでいっているVRは究極のVRのことで、リアルなのかバーチャルなのか区別がつかないようなことが目の前に広がっている世界を指しています。

映画館で見る映像は、カメラで撮影された映像をスクリーンで見ます。それはカメラマンが撮影した映像を見ているだけでしかありません。ヘッドマウントディスプレイを装着し体験するVRの世界は、自分が身体を移動させて見たい場所や、行きたい場所から見ることも可能です。

例えば、自宅にいながら、バーチャルな教室で自分の椅子に座って授業を受け、教壇の先生が電子黒板で説明している様子を見たり聞いたり、教室で周囲を見回したり、教室内を移動することもできるのです。ペンシルベニア州立大学の実験の場合は、コーヒーメーカーはないのに、目の前にはコーヒーメーカーがあるように見えます。学生は手にグローブのような機器を装着して動かすことで、コーヒーメーカーが実際に目の前にあるように組み立てることを体験しているのです。

実際に学校に行かなくとも、学校で授業を受けているのと同等の体験ができるということが可能となれば、遠隔教育は飛躍的に改善されることになり、教育の格差是正に役に立つ可能性が見えくるのではないでしょうか。

VRの教育への活用は、例えば、必要性の高い職業訓練、遠隔教育の大学生などから試験的に行われるでしょう。

教師の多忙を助ける校務支援システム

経済協力開発機構（OECD）が2013年に行った国際教員指導環境調査（TALIS）の調査によれば、世界で一番長時間勤務なのは、日本の中学校の教師だということがわかりました。また、「全体として見ればこの仕事に満足している」と答えた教師は85・1％であることもわかりました。

OECDの参加国の中学教師の平均勤務時間より、日本は1・4倍の53・9時間となっています。長時間の理由は、欧米の教師は授業を行うことだけが仕事だというのに対し、日本の教師は部活動をはじめとするオールラウンド型になっているといいます。

学校にソフトウエアを販売している事業者によれば、通知表、調査書や名簿などを管理しているデータがばらばらで一元化されていない、また、提出しなければならない書類が多すぎるなどのことが原因で、教師が子どもたちと接する時間が足りないという声を聞くことがあるといいます。

民間企業からすると20年以上前の状況のようにも思えるところがあり、学校のＩＣＴを活用したシステム化はこれから本格化していくと思われます。文部科学省は、校務の情報システム化が進むと教職員の一人ひとりの仕事が変わり、教育活動の質にも好影響が出てくるとして校務の情報システム化を推奨しています。

現在、各教育委員会では統合型校務支援システムの導入を促進しているところで、２０１６年度の普及率はまだ40％程度ですが、２０２０年度には１００％を目指しているそうです。

日本型教育を産業化の種にする

日本の教育は「詰め込み型教育」、「個性を伸ばせない」、「偏差値主義」など、マイナスの面が取り上げられてきていますが、最近では「日本の教育は世界でも類を見ないほど平等である」という評価がされ始めています。

他国の事例では、フィンランドが2010年に教育を輸出産業に育てるため、教育輸出戦略を策定し、民間企業および教育・研究機関メンバーが官民一体となり輸出振興を進めています。Finpro（フィンランド大使館商務部）が取り組み全体をサポートし、プロモーション・キャンペーン、企業・学校へのソリューションデモ、他国政府機関・重要顧客とのミーティング・商談機会のセッティングなどを行っています。

サウジアラビアでは大規模な教育改革を推進している最中で、教育の制度だけではなく学校の校舎の設計・施工から備品までを購入したいとしているようです。また、政府機関の後押しが信用につながり、取引がスムーズに行えることも有利に働いているようですし、現地にローカライズしたゲームアプリ、教員研修、フィンランド式学校、デジタル書籍などを産業とする教育の輸出は大きな可能性があるとしています。

一方、近年海外の新興国などから日本の教育制度に高い関心が寄せられ、取り入れたいという国も少なくなくありません。

そこで、わが国においては、日本の教育を輸出するため2016年4月に文部科学省主導で関係省庁・JETRO※5、JICA※6などの政府系機関・学校法人（大学・高専など）・民間企業などで構成する「日本型教育の官民共同プラットフォーム」を立ち上げました。このスキームの下で関係者間の情報共有を図ったり、国際フォーラムやパイロット事業を実施したりしながら、日本の教育・学びを輸出することを始めようとしています。

すでに日本型教育に興味を示している国があるようです。

例えば、インド、サウジアラビア、ミャンマーからは小・中学校制度、マレーシアからは高等教育、タイからは高等専門学校の仕組みを導入したいといわれています。また、エジプト、ベトナム、ブラジル、アラブ首長国連邦（ＵＡＥ）などからも要請があるといわれています。

日本型教育として輸出しようとしている品目は、教科書、カリキュラム、教員研修制度、高等専門学校の仕組み、学習塾、習い事、実験器具、副読本などを想定しているようです。具体的な取り組みはこれからで、先進国のトレンドは21世紀型のスキルの育成としていても、途上国は先進国とは事情が異なっているでしょう。相手国側のニーズなどの把握はこれから行われます。

日本が昔から海外へ輸出しているものとして「そろばん」があります。そろばんは右脳の発達に効果があります。位取り十進法など数学の基礎が身に付くことなどもあり、世界の数多くの国に輸出しています。ノーベル賞受賞者数が世界一のハンガリーでは、算数の授業にそろばんを導入している小学校が４００校以上あります。

また、日本の学習塾、現地のバッティングセンターと連携して野球レッスン、楽器メーカーによる現地の小学校でリコーダーでの音楽教室などのほか、教育、音楽、文化、アニメなどを紹介するイベントは盛況です。私たちが当然のこととして慣れ親しんでいるコトやモノを、海外の人から見たら驚くことがあるのに、国内で暮らしていると、何が日本の「強み」なのか、「売り」になるのかに気がつかず、せっかくのビジネスのチャンスを逃しているかもしれません。

特に教育ビジネスは、海外に進出している企業は一部に限られ、これから日本の主要産業に育つ可能性があります。

教育分野を広く捉えると、教えることばかりでなく学ぶことも含めるなら、子どもから大人までの生活の中にその種はあるのではないでしょうか。

日本の教育を諸外国に輸出することは、諸外国との強固な信頼と協力関係を構築することにも役立つと期待されます。

体系化された人財教育をグローバルに活用していこう

「アフリカ開発会議（ＴＩＣＡＤ）」の６回目の会議が、２０１６年８月に初めてアフリカで開催されました。安倍首相は、アフリカの支援は「量」より「質」という趣旨の演説を行い、具体的な支援策に「人材教育」があるとしています。

アフリカ大陸は、化石燃料のほか、金、プラチナ、レアアースなどの鉱物で200兆円市場といわれ、この市場は最後のフロンティアとして各国から熱い視線を浴びています。この大陸の人口はすでに10億人を超え、2050年には24億人を超えるといいます。また、消費活動を活発に行える所得が年間5000米ドル以上の世帯は、2020年に1億世帯以上になっていると予想されています。

アフリカ地域への民間企業の海外進出を後押しする政府は、資金力で先行している中国との差別化を図るため、日本の強みである「教育での支援」を強調しています。

教育はわが国の産業界を救う切り札となる

教育で世界をリードし広く社会に貢献することをわが国の教育戦略とするなら、価値を高め産業のグローバル化を支える大きな役割を果たすのではないでしょうか。

わが国は前述したように先進欧米諸国から近代教育を導入し見習い、追いつこうとしていた時代を経て現在があります。これからは見習っているばかりでなく、教育を必要としている国に教育で貢献する時期に来ているのではないでしょうか。

また、わが国はレベルの高い技術力や多様な文化を持ち、少子高齢化をはじめとする課題先進国という特徴を持つ国家です。

海外の人々がわが国の生活や文化を見たり触れたり体験したりすることも教育といえるでしょう。諸外国から要請があれば21世紀を生き抜くための教育を提供できる可能性を秘めている国家です。ＩｏＴ時代の教育分野においてはたくさんの引き出しがあります。このなかには今後、新しいビジネスとして育つ種が入っていると思われます。

アフリカで行われたＴＩＣＡＤ６で、資金力で先行している中国との差別化を図るため、安倍首相が人財教育での支援を強調したことは前述したとおりです。このことは、教育が経済的なことに対抗し得る可能性と教育で貢献することの有効性を示唆しています。

今後、教育の有効性をさらに活かしていくためには、わが国が教育でリードしている位置にいることが必要です。しかし、わが国は、ＯＥＣＤの調査で参加国中での教育ＩＣＴ化は平均より低いということが明らかになりました。また、政府が示している前述のスマートスクール構想を実現させても、すでに海外諸国の教育ＩＣＴ化が先行しているため、依然としてキャッチアップから脱却することは困難です。海外からは、わが国は教育のＩＣＴ化が遅れている国と見做されており、このままでは今後のビジネスにも影響しそうです。

また、15歳の子どもたちの学力はトップクラスでありながら、教育の場でＩＣＴを利用する割合が最低のレベルにあり、スマートフォンでのＳＮＳなどの扱いは得意でも、大人になり仕事で

ＩＣＴを使う能力が低いままなら将来に課題を残すことになるとの指摘もあります。それは21世紀で生きる抜く力が足りないということになりかねません。

近代教育を取り入れてからおよそ150年、経済・ものづくり大国として、わが国は世界で認められています。進化するスピードが速い現代では漫然としていることは許されません。産業界は将来を救うのはＩｏＴだと確信し、新しい社会を目指して動き始めています。早い時期に教育のＩＣＴ化の基盤を整えるとともにＩｏＴ化でリードすることを目指し、行動に移す時期にあるのではないでしょうか。

アメリカやヨーロッパおよびアジア諸国などの動向がどのようになろうとも、国の根幹となる教育を産学官そしてオールジャパンで連携し、教育で世界に貢献することができるなら、将来、わが国の有効な切り札として使うことができると信じています。

教育が抱える問題は多々あると唱えてばかりでは前に進みません。超スマート社会に向かうというわが国の潮流にも乗りながら、教育の改革を推進していくことが重要です。

ＩｏＴ時代の人財育成教育はどうあるべきか

ＩｏＴ時代には人財の育成が何よりも大切です。ではどうやって育成して行ったら良いのか、という命題は、どの経営者でも持っていることと思われます。そこで、著者が韓国のサムスン電子での体験と新興国で感じたことを述べてみたいと思います。

まず、これからの人財は組織や過去に決められたルールを忠実に守り、上司の命令には絶対服従するマネージャータイプの監督者は必要ないということです。

これまでの研修や教育は受講者全員が平均的な人材になるように育成してきたのではないでしょうか。この方法は平常時にはかなり有効な手段だとは思いますが、現在のグローバル化の時代はＩｏＴや第４次産業革命という大きく社会が変革している時代（異常時・非常時）は社会の変化を敏感に感じ取り、常に高いところから全体を見渡す対局観を持ったリーダーを育成することです。時には、組織や過去のルールを社会の変化に適応していく真のリーダーを早急に育成する必要があります。

昔の諺でいえば、「出る杭は打つ」ではなく、「出る杭は抜いてリーダーとして育てる」ことです（**図6－2「グローバル時代における人財教育の在り方」**参照）。

次に重要なことは、ＩｏＴ時代だからといって情報システムに関する知識しかない部署に携わっている人よりも、一般の日常業務に携わっている人たちにＩｏＴの知識を教育することが大切です。なぜなら、ＩｏＴは業務を軸とした改革であり、最終的には業務全体の構造を変革する必要があるからです。

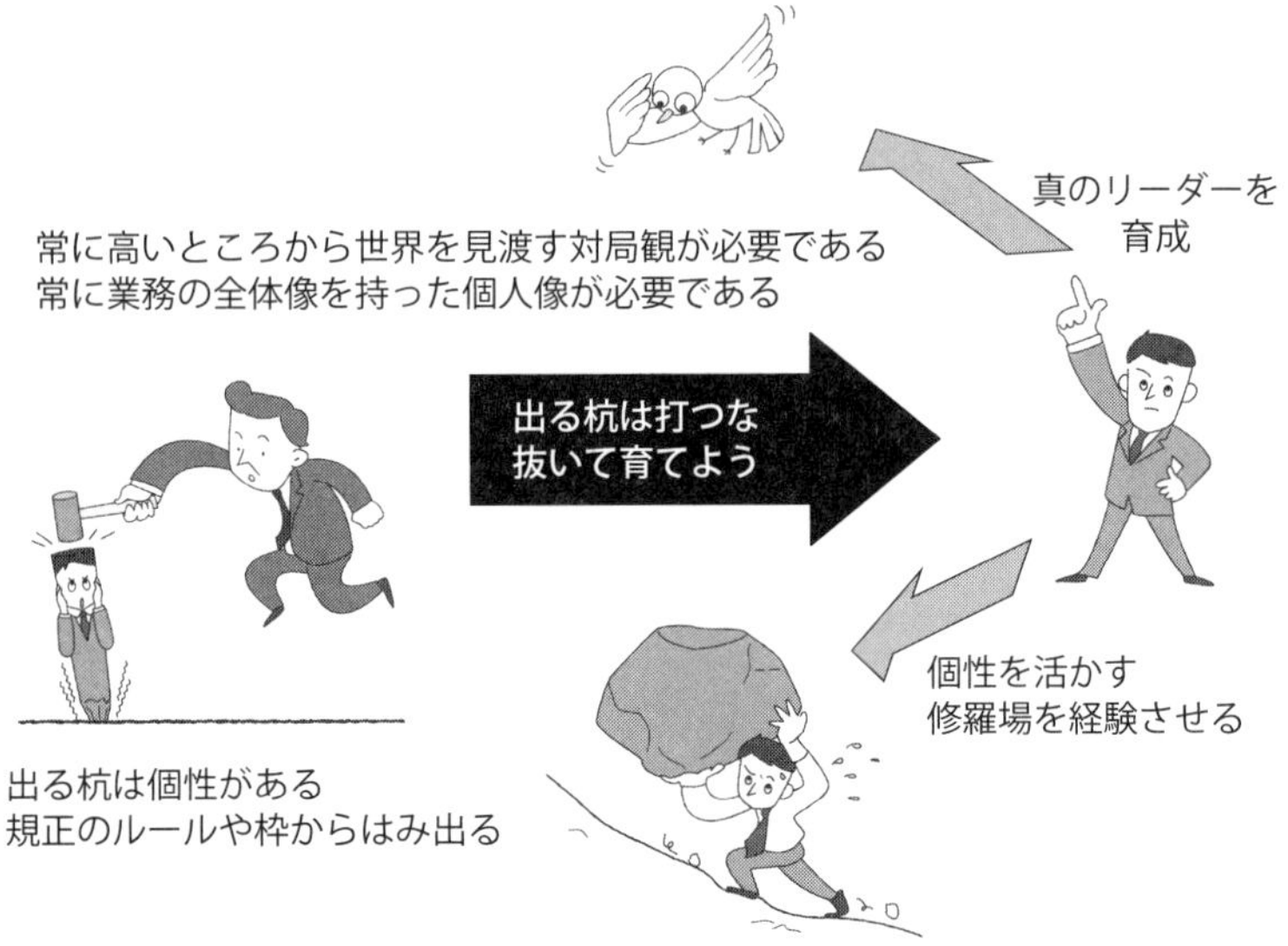
真のリーダーを
育成
常に高いところから世界を見渡す対局観が必要である
常に業務の全体像を持った個人像が必要である
出る杭は打つな
抜いて育てよう
個性を活かす
修羅場を経験させる
出る杭は個性がある
規正のルールや枠からはみ出る

図6-2　グローバル時代における人財教育の在り方

さらに、リーダーを育成するにおいては、部分的な業務だけでなく常に会社の全体像を持った個人像を持ち、周辺視野の広い強い個を持った人財に育てる必要があります。

なぜなら、強い個がなければ強い集団がつくれないからです。強い集団を持っているリーダーは１人になっても戦えるからです。

おわりに

第4次産業革命（ＩｏＴ）をわが国はどう捉えて、どう取り組めば良いか。

この問いに答えるように、本書では、現在の社会が抱えるいくつかの課題を解決し、社会の構造改革に少しでも役に立てればという思いと、この機会をモメンタムとして、新しいビジネスを創造するための視点や動向について取り上げてきました。

わが国の経済は戦後から１９７０年以前まで、毎年高度経済成長を体験してきましたが、１９７０年代後半になると、これまで日本経済を急成長させてきた欧米の先進国の新技術を模倣したり、その技術を取り入れたりして、独自の技術的なイノベーションを生み出して高度成長を成し遂げてきました。

しかし、経済のバブルが弾けた以降は、これまで有効に機能してきた種々の規制を含む経済制度は次の成長の妨げになるような政策（例えば、非効率な既存企業を保護する政策。これによってゾンビ企業という企業が生まれた）となりました。そのことが、各産業の技術革新や生産性向上における縮み志向を招いたのではないでしょうか。

ゾンビ企業とは、生産性や収益性が低く、本来は市場から退出すべきであるにもかかわらず、債権者や政府からの支援により事業を継続している企業のことをいいます。

したがって、本書で取り上げた、ＩｏＴによる新しいビジネス創出のための視点として、今後わが国が先進国として成長していくためには、どうしても産業における戦後のレジーム（制度、政策など）を見直して、新しい潮目に沿った制度を創出して新しいビジネスモデルを構築し、持続的なイノベーションを起こすことが急務だと思われます。

このことは先進国だけでなく、新興国を含んだどの国にも課せられた使命であると考えます。わが国はこの改革を実現するうえで、少子高齢化、社会保障改革などの構造改革、特にサービス産業の生産性向上を画期的に推し進めていく必要があります。

わが国は文化か性質かわかりませんが、内部よりも外部からの影響に立ち向かっていって成功する底力があります。明示維新がしかり、世界中から戦後の奇跡の復興と呼ばれたことからもわかります。

最後になりましたが、われわれ日韓ＩＴ経営協会は、韓国がＩＴ産業に力を入れ始めた２００６年に、韓国のＩＴベンチャー企業が日本で事業を推進することを補佐する意味で設立されました。ある意味において、閉塞感に陥っているわが国が再び輝きを取り戻すには、本書第１章で述べたように「ものづくり」の「もの」を「新しい産業を産み出す想像力」と捉えて、２年以上議論してきました。

その議論の成果を世に出して意見を伺いたい、という思いで本書を出版することにしました。

本書を出版するにおいて、日刊工業新聞社の鈴木徹編集部長にはご尽力をいただきました。特に木村文香編集委員には何度もご足労をいただき、貴重なアドバイスを多くもらいました。本書をお借りして日韓ＩＴ経営協会研究員一同心より厚く御礼申し上げます。

また、本書が読者の皆様にとりまして少しでも新しいビジネス創出のヒントになりお役に立てましたら、われわれ研究員にとりましてこの上ない幸せに存じます。

２０１７年５月吉日

日韓ＩＴ経営協会会長　吉川　良三

用語解説

【はじめに、第1章】

※1　深層学習

深層学習とは英語で「ディープランニング」と呼ばれている。一種の機械（ロボット）が、ある与えられた事象を理解するための学習方法のことです。人の神経に似たネットワーク構造（ニューラルネットワーク）を持った人工知能（ＡＩ）により、機械が人の介入なしに学習することをいいます。

※2　ウエアラブル機器

携帯電話などのように、鞄やポケットに入れて持ち歩くのではなく、眼鏡やアクセサリーのように、身に付ける電子機器のこと。周辺機器として使用するものを「ウエアラブルデバイス」や「ウエアラブル端末」ということもあります。

※3　M2M（Machine to Machine）

コンピュータネットワークにつながった機械が、遠隔地の機械とデータを自動的にやり取りする通信のことで、特に目新しい概念ではありません。90年代にファシリティや物流の管理、交通情報管理など産業界の特定用途に限って応用されていました。その後、適用分野が広がり、消費者向けの家電などにも応用されるようになりました。Ｍ２Ｍのプラットフォームとして、クラウド形式で包括的提供も出てきました。Ｍ２Ｍプラットフォームを活用したパッケージ型のサービスも始まっています。

最近では、スマートフォンに動きを読み取る加速度センサー、位置情報を読み取るGPS、方角を読み取る地磁気センサーなどが組み込まれ、企業にとってはこれを使ってアプリケーション開発が容易になっています。そして、ビッグデータ活用とクラウドによる情報処理によって、企業経営や社会活動にかつてない付加価値をもたらすことになりそうです。

【第2章】

※1　3Dプリンター

スキャナーで対象の立体物を読み取って、複写機でコピーするように3次元の物体を複製する3次元製造装置です。世界でこの原理を初めて発明したのは日本人でしたが、特許出願はしていませんでした。それから数年後米国人に先を越されて特許が成立し、実用化されてしまいました。それから30年あまり、高性能化し、今では個人用商品も発売され、人工骨など医療での応用も始まっています。

【第3章】

※1　人口オーナス（onus）

オーナスは英語で重荷や義務、責任という意味です。人口は年齢順に年少人口（0〜14歳）と生産年齢人口（15〜64歳）、老年人口（65歳以上）に分けられ、年少人口と老年人口は生産年齢人口によって支えられています。年少人口と老年人口を合わせて「従属人口」といい、それを生産年齢人口で割った比率を「従属人口指数」と呼びます。

この指数が50以下のときは潜在的な労働力が控えているため、その後の経済成長が見込めるので「人口ボーナス（bonus）」といいます。ボーナスのもとの意味は利益配当金や割戻金です。その指数が50を超えると少子化と高齢化が進むために、経済成長が鈍化する「人口オーナス」になります。

人口オーナス期の年齢別の人口構造を男女左右に分けて年齢の高い方を上位に縦のグラフにすると、人口ボーナス期にはすそ野の広い富士山型になりますが、人口オーナスでは上方が膨らんだバルーン型になります。

※2　ファブレス（fabless）

工場を持たない製造業者のことです。企画、設計、販売だけを行い、製造を他社にアウトソーシング（外部発注）して、需要動向の変化や製品サイクルの短縮化に柔軟に対応することを目指しています。

※3　メディアサイクル

放送事業には周期30年の技術革新があるとされます。１９２５年にラジオ放送、53年にテレビ放送、83年に都市型として有線テレビ（ＣＡＴＶ）が始まりました。さらに、30年後の２０１０年は奇しくも放送と通信の垣根が消えてマルチメディア時代が到来しています。

※4　ＳａａＳ、ＰａａＳ、ＩａａＳ

インターネット上にあるソフトやハード、データなどを利用するクラウドが提供するサービスです。本来の意味は必要な機能を必要なときに必要な分だけ使用することです。ソフトウエアだけを提供する

SaaS（Software as a Service）、ハードウエアを中心にするIaaS《アイアース》（Infrastructure as a Service）、ソフトウエアに加えてハードウエアや基本ソフトを含むプラットフォームを提供するPaaS（Platform as a Service）の3つに分類されます。

※5　官民パートナーシップ（PPP・Public Private Partnership）

官民が連携して社会資本や公共インフラ、公共サービスなどを供給する社会的な仕組みの総称です。90年代にイギリスで民間主導のPFI（Private Finance Initiative）が本格的に始まり、フランスでは営業権だけ民間に譲渡するコンセッション（Concession）が広がっています。これは公（官公庁）・共（団体）・私（市民）が経営に参加し、この3極の協働により個別地域の最適化を図るローカル・オプティマムの実現を目指します。

【第4章】

※1　ゲノム編集

特定の働きをする遺伝子を見つけ出し、その機能を止めたり、置き換えたりする技術のこと。収穫量の多い米、腐らないトマトなど農作物の品種改良、魚の品種改良などに活用されています。

※2　バイオマス（Biomass）技術

動植物資源（とうもろこし、さとうきびなどのでんぷん・糖質作物、海藻・クロレラなどの水生植物、ヤシなどの油性植物、木材、農業廃棄物など）からエネルギーや化学工業原料などを作り出す技術。

※3　ビジネスSNS（Social Networking Service）

FacebookやTwitterなどのSNSを、ビジネス目的に対象者を限定して利用することを指しています。

※4　マイME-BYO（未病）カルテ

「未病」とは健康と病気を2つの明確に分けられる概念として捉えるのではなく、心身の状態は健康と病気の間を連続的に変化するものと捉え、このすべての変化の過程を示す概念。特に神奈川県が積極的に取り組んでおり、「マイME-BYOカルテ」に薬情報、予防接種、アレルギーなど家族全員の健康情報を登録し管理するなど、未病の改善につながる商品やサービスを開発する未病産業を確立しようとしています。

※5　機能性素材

食品や衣料品の原料のうち、医療や福祉、健康増進などに資するものの総称。食品に関しては「機能性食品素材」という呼び方をしており、衣料に関しては吸湿素材、速乾素材、蓄熱保温素材などが代表的で「高機能化学繊維素材」と呼ばれています。センサー機能などを持たせた素材は「高機能素材」といった呼び方もしています。

【第5章】

※1　公開鍵暗号

送受信するデータを暗号化する方式の1つで、暗号化する鍵と複合化する鍵が異なる方式です。送信者は暗号化する鍵（公開鍵）と複合化する鍵（秘密鍵）を対で作成し、公開鍵で暗号化し送信します。受信者は本人だけ知る秘密鍵で複合化するため安全性が高いです。

※2　ハッシュ関数／ハッシュ値

データの改ざん防止に使われる技術で、データを要約する数列を生成するものを「ハッシュ関数」、作られた数列を「ハッシュ値」と呼んでいます。データの送信者はハッシュ値を付けて送信し、受信者は同じハッシュ関数を使用し、求めたハッシュ値が異なればデータに改ざんがあると判定します。

※3　P2P（Peer to Peer）

ネットワーク上で対等な関係にある端末間を直接接続し、データを送受信する通信方式。データの送り手と受け手が分かれているCSS（Client Server System）方式と対比されています。ファイル共有ソフトなどが代表的応用例です。

※4　デジタルデバイド（Digital Divide）

パソコンやスマートフォン、インターネットなどのICT技術を使いこなせる人とそうでない人との間に生じる格差を指しています。現在はデジタル技術を使いこなせない高齢者が問題視されています。

※5　コネクティッドホーム（Connected Home）

白物家電など家のなかの機器がインターネットと接続され、スマートフォンなどによって外部から遠隔操作できることを指しています。現在ではセキュリティーやエネルギー管理、見守りなどの広範な機能を指していることが多いです。

※6　ソーシャルロボット

ロボットは産業用に加えて掃除ロボットや医療ロボットなど、ますます多種多様化しています。このようななかで人間とのコミュニケーションに主眼をおいて、人間をサポートするロボットを「ソーシャルロボット（コミュニケーションロボット）」と呼んでいます。会話を通じて人を癒す用途が多いです。

【第6章】

※1　スクラッチ（Scratch）

ＭＩＴメディアラボ（米国マサチューセッツ工科大学内の研究所）が作ったビジュアルプログラミング言語。プログラミングは、一般的には黒い画面に英語の文字を入力していくイメージがありますが、ビジュアルプログラミング言語はキャラクターを動かすことでコンピュータに指示を出すなど、直感的に操作することができます。

※2　地方自治体

地方自治体には教育委員会が設けられています。全国の都道府県、市（特別区）、町、村に教育行政機関として合計1866あります（2013年現在）。また、大学・私立学校に関する事務を除き、学校・社会教育、文化・スポーツなどの事務を管理し、教育現場の教材の選定やシステムの導入などは各教育委員会が独自に決めています。学校数は、小学校2万313校、中学校1万404校、高校4925校（2016年現在）。

※3　JMOOC

無料で学べるオンライン講座「MOOC」の日本版。

※4　ヘッドマウントディスプレイ（HMD：Head Mounted Display）

表示装置を頭部に乗せ、両眼に覆いかぶせるように装着する機器のことです。

※5　JETRO

日本貿易振興機構の略称。日本の貿易振興に関する事業を総合的に行う独立行政法人です。

※6　JICA

国際協力機構の略称。青年海外協力隊事業、開発資金援助などを行う独立行政法人です。

参考文献

【第1章】

日本経済団体連合会「新たな経済社会の実現に向けて」2016年4月

吉川良三『日本型第4次ものづくり産業革命』日刊工業新聞社、2015年

内閣府「科学技術イノベーション総合戦略2015」

【第2章】

吉川良三『ものづくり維新』日経BP社、2014年

クレイトン・クリステンセン、玉田俊平太監修、伊豆原弓訳『イノベーションのジレンマ』翔泳社、2001年

クレイトン・クリステンセン他、玉田俊平太監修、櫻井祐子訳『イノベーションへの解』翔泳社、2003年

藤本隆宏『生産マネジメント入門Ⅰ・Ⅱ』日本経済新聞社、2001年

伊藤元重（編）、財務省財務総合政策研究所（編著）『日本の国際競争力』中央経済社、2013年

吉川良三、畑村洋太郎『勝つための経営』講談社、2012年

【第3章】

白川一郎・富士通総研経済研究所（編著）『ＮＰＭによる自治体改革』経済産業調査会、２００１年
兼子仁『変革期の地方自治法』岩波書店、２０１２年
妹尾克敏『地方自治法の解説』一橋出版、２００５年
佐々木信夫『地方は変われるか』筑摩書房、２００４年
本間正義『農業問題』筑摩書房、２０１４年
小田切徳美『農山村は消滅しない』岩波書店、２０１５年
神野直彦『地域再生の経済学』中央公論新社、２０１０年
宮崎康二『シェアリング・エコノミー』日本経済新聞出版社、２０１５年
井上繁『共創のコミュニティ』同友館、２００４年
山口道昭（編著）『協働と市民活動の実務』ぎょうせい、２００６年
コミュニティビジネスサポートセンター『入門コミュニティビジネスの成功法則』ＰＨＰ研究所、２００６年
井村圭壯・相澤譲治（編著）『社会福祉の基本体系』勁草書房、２００２年
齊藤実『物流ビジネス最前線』光文社、２０１６年

【第4章】

農林水産省「2015年農林業センサス結果」

日本植物工場産業協会ホームページ

【第5章】

「平成26年版高齢社会白書」内閣府

「認知症を有する高齢者の将来推計」厚生労働省

「空き家率の将来展望と空き家対策」富士通総研経済研究所

「社会保障に係る費用の将来推計」厚生労働省、財務省

「平成27年度介護従事者処遇状況等調査」厚生労働省

「平成28年度行政事業レビュー」厚生労働省

【第6章】

「第5期科学技術基本計画」内閣府

文部科学省『学制百二十年史』ぎょうせい、1992

「諸外国におけるプログラミング教育に関する調査研究」文部科学省

「教育の情報化加速化プラン」文部科学省

「2020年代に向けた教育の情報化に関する懇談会」文部科学省
EDU-Portニッポンホームページ
「科学技術白書」文部科学省
「平成29年度概算要求主要事項」スポーツ庁
「スポーツ産業の活性化に向けて」スポーツ庁、経済産業省
The White House ホームページ
フィンランド大使館ホームページ
UDACITYホームページ

〔執筆者紹介〕

吉川　良三（よしかわ　りょうぞう）

日韓 IT 経営協会会長。元サムスン電子常務、現在東京大学大学院経済学研究科ものづくり経営研究センター特任研究員。著書「日本型第 4 次ものづくり産業革命」「サムスンの決定はなぜ世界一速いのか」「ものづくり維新」他。

森田　良民（もりた　よしたみ）

日韓 IT 経営協会諮問委員。都庁・自治省勤務を経て㈱オプティマ設立、現在同社相談役、地方自治経営学会理事、情報サービス産業協会理事などを歴任。1990 年代はじめ「ネオダマ」を提唱。

菅谷　修（すがや　しゅう）

日韓 IT 経営協会事務局長。㈱日立製作所コンピュータ事業部（現　情報通信システム社）にてコンピュータ教育や販売支援業務に従事。

奥出　昌男（おくで　まさお）

日韓 IT 経営協会役員。損害保険会社で商品・サービス開発、拠点リーダー育成などの業務に従事、2010 年に生活エンジン㈱を設立、現在同社取締役会長。

IoTで変わるのは製造業だけじゃない

農業・医療・金融・サービス・教育分野で産まれる新ビジネス　NDC 335

2017年 5 月26日　初版 1 刷発行

（定価はカバーに表示してあります）

編著者　吉川　良三

© 著　者　日韓 IT 経営協会

発行者　井水　治博

発行所　日刊工業新聞社

〒103-8548　東京都中央区日本橋小網町 14-1

電　話　書籍編集部　03（5644）7490

販売・管理部　03（5644）7410

ＦＡＸ　03（5644）7400

振替口座　00190-2-186076

ＵＲＬ　http://pub.nikkan.co.jp/

e-mail　info@media.nikkan.co.jp

印刷·製本　新日本印刷（株）

落丁・乱丁本はお取り替えいたします。

2017　Printed in Japan　ISBN978-4-526-07717-3